黑 龙 江 省 精 品 图 书 出 版 工 程
"十三五"国家重点出版物出版规划项目
材料科学研究与工程技术系列图书

微波辅助加热制备辉石系尾矿微晶玻璃的方法及机理研究

李红霞　徐鹏飞　著

哈尔滨工业大学出版社

内 容 简 介

微波场中尾矿微晶玻璃的合成方式与常规方法相比,在加热方式、析晶过程、反应机理、升温特性等方面都存在很大的区别。本书作者结合多年微波加热技术的研究工作,以及该领域的最新研究成果,从材料在微波场中加热的物理基础、微波加热方法与技术、微波场中微晶玻璃与微波辐射的相互作用、化学反应机理、辉石系微晶玻璃的结构与性能等方面对微波辅助加热新技术展开介绍。

本书可供从事材料科学与工程、材料化学、材料物理、微波加热应用等领域的科技人员参考,也可供高等院校相关专业的师生阅读。

图书在版编目(CIP)数据

微波辅助加热制备辉石系尾矿微晶玻璃的方法及机理研究/李红霞,徐鹏飞著.—哈尔滨:哈尔滨工业大学出版社,2021.8
 ISBN 978－7－5603－8846－5

Ⅰ.①微… Ⅱ.①李… ②徐… Ⅲ.①微晶玻璃－制备－研究 Ⅳ.①TQ171.73
 中国版本图书馆 CIP 数据核字(2020)第 099370 号

策划编辑 王桂芝 杨明蕾
责任编辑 张 荣 陈雪巍
出版发行 哈尔滨工业大学出版社
社 址 哈尔滨市南岗区复华四道街 10 号 邮编 150006
传 真 0451－86414749
网 址 http://hitpress.hit.edu.cn
印 刷 黑龙江艺德印刷有限责任公司
开 本 720mm×1000mm 1/16 印张 11 字数 220 千字
版 次 2021 年 8 月第 1 版 2021 年 8 月第 1 次印刷
书 号 ISBN 978－7－5603－8846－5
定 价 48.00 元

前　言

微波为一种新型、绿色的能量提供方式,被广泛应用于无机材料、复合材料、有机材料及纳米材料等领域,其主要特征是大幅度加速制备过程、缩短制备时间。微波可加速材料的制备过程基于微波介电加热效应。介质在微波场中通过偶极子转动和离子导电两种加热机理与材料分子发生相互作用,从而产生热。与传统加热相比,微波加热不仅可以有效地减少反应时间,而且可以改善材料结构、提高材料性能。尾矿微晶玻璃因其在消耗尾矿、减少污染的同时,又具有高机械强度、耐磨性能优越、热膨胀系数较宽、介电常数可调、化学稳定性好、抗热震性能好等特性而备受关注。但在传统加热方式下,尾矿微晶玻璃析晶大多需要在较高温度、较长时间条件下完成。微波加热技术以其独特的加热原理和特点受到国内外的广泛关注,国际上已有一些研究组开展了相关的工作,取得了一些重要的进展。但微波热处理不同于传统热处理,不同的制备条件下得到的材料的结构与性能可能相差较大。因此,将微波引入尾矿微晶玻璃的制备过程具有应用和理论研究双重意义。

基于微波技术在材料制备过程中的诸多优点及巨大潜力,结合尾矿微晶玻璃生产过程中亟待解决的关键问题,本书以微波(2.45 GHz)为热源,以$CaO-MgO-Al_2O_3-SiO_2$(以下简称 CMAS)系尾矿微晶玻璃为研究对象,重点开展了以下几方面研究。

①在尾矿微晶玻璃的析晶过程中引入了微波热处理技术。本书系统地研究了微波热处理工艺(析晶温度、保温时间、微波功率、微波辅助介质)对尾矿微晶玻璃析晶过程的影响。通过调节析晶过程中热处理工艺参数,最终得出综合性能最优的微波热处理工艺为 720 ℃、保温 20 min,所制备的尾矿微晶玻璃的密度为 2.97 g/cm³,抗折强度为 264.62 MPa,硬度为 736.15 kg/mm²,耐酸性为 99.38%,耐碱性为 99.17%。与传统热处理相比,微波热处理温度可降低100 ℃,节约热处理时间 223 min。此外,本书对传统热处理和微波热处理进行了析晶活化能(E)的定量计算,得到传统热处理工艺的 E 为 375.7 kJ/mol,微波热处理工艺的 E 为214.9 kJ/mol,说明微波电磁场可降低微晶玻璃的析晶活化能。本书还通过 X 射线衍射、场发射电子扫描显微镜、傅里叶红外光谱、拉

曼光谱等手段分析了尾矿微晶玻璃的显微结构,发现相同工艺下微波热处理的样品较传统热处理的样品具有以下特点:析晶温度低(比传统热处理的析晶温度低 100 ℃左右),晶体生长速度较快,样品中透灰石晶体的析出量较多,晶体结构的有序程度、紧密程度及析晶的完整程度较高,且其力学性能总体趋势明显优于传统热处理。

②研究了不同微波辅助介质对尾矿微晶玻璃组织和结构的影响。作者研究发现,采用不同微波辅助介质制备的尾矿微晶玻璃,其显微结构完全不同,利用微波热处理的这一独特优势,通过在同一材料的不同部位采用吸波特性不同的辅助介质,实现了微晶玻璃晶体的可控生长工艺,成功制备出结构梯度尾矿微晶玻璃新材料,开辟了结构梯度材料制备工艺的新途径。这种结构梯度材料扩大了微晶玻璃的应用范围,并可根据实际需要定制材料,以满足某些特殊工况对材料的使用要求。

③研究了 CMAS 系尾矿微晶玻璃的高温介电性能。频率为 2.45 GHz,室温至 600 ℃之间时,样品的相对介电常数和介电损耗因子均呈缓慢增大趋势;600 ℃时,样品的相对介电常数和介电损耗因子值分别为 7.7 和 0.024;600～980 ℃时,样品的相对介电常数和介电损耗因子快速增大,在 980 ℃时达到 14.5 和 0.22。随着温度的升高,微波的相对介电常数和介电损耗因子逐渐增大,材料对微波的吸收逐渐增强,材料与微波的耦合程度逐渐增强,这可能就是微波加速尾矿微晶玻璃析晶过程的主要原因。另外,作者首次发现尾矿微晶玻璃的微波反射系数随测试频率与温度的变化规律。在 2.45～3.95 GHz 频率范围,随着测试频率的升高,各温度下样品的微波反射系数均呈现逐渐下降的趋势,其中在 910 ℃、4 GHz 左右呈快速下降,其值约为 2;在 5.75～8.25 GHz 频率范围,随着测试频率的升高,各温度下样品的反射系数呈现抛物线状,其反射系数有最小值,其中在 870 ℃时,样品在 7 GHz 左右的反射系数急剧下降,其值约为 0,即为全吸收。根据这一实验结果可以推想,该系尾矿微晶玻璃在 870 ℃,采用频率为 7 GHz 的微波辐照时,可实现微晶玻璃无辅助介质直接晶化。

④研究了微波场作用下铁、铌及稀土元素对尾矿微晶玻璃组织结构和性能的影响。通过外添一定量的 Fe_2O_3、Nb_2O_5、La_2O_3、CeO_2 和混合稀土,并采用微波一步法对其进行析晶处理,结果表明:各微晶玻璃的主晶相没有发生改变,仍为透辉石相 $(Mg_{0.6}Fe_{0.2}Al_{0.2})Ca(Si_{1.5}Al_{0.5})O_6$;外加不同质量分数的特殊成

分对微晶玻璃显微形貌的影响较大,随 Fe_2O_3、Nb_2O_5 质量分数的增加,微晶玻璃的透辉石晶体由类枝状晶逐渐变为类球状晶,且晶体尺寸逐渐变小;随 La_2O_3 含量的增加,微晶玻璃的透辉石晶体由类枝状晶逐渐变为枝状晶,且晶体尺寸呈现先增大后略有减小的趋势;随 CeO_2 质量分数的增加,微晶玻璃的透辉石晶体由类枝状晶逐渐变为一次晶轴尺寸较大的枝状晶,且晶体尺寸呈现逐渐增大的趋势;随混合稀土质量分数的增加,微晶玻璃的透辉石晶体由类枝状晶逐渐变为块状晶,且晶体尺寸呈现先增大后略有减小的趋势;另外,随着 Nb_2O_5、La_2O_3、CeO_2 和混合稀土添加量逐渐增加,微晶玻璃样品的密度和硬度逐渐增大,抗折强度呈降低趋势,耐酸性和耐碱性略有降低。

　　本书可供从事材料科学与工程、材料化学、材料物理、微波加热应用等领域的科技人员参考,也可供高等院校相关专业的师生阅读。

　　由于作者水平有限,书中难免存在疏漏及不妥之处,敬请诸位读者批评指正。

作　者

2021 年 4 月

目　　录

第1章 绪 论

1.1 尾矿微晶玻璃概论

1.1.1 尾矿微晶玻璃的定义及特性

尾矿微晶玻璃(Tailing-based Glass-ceramics)是以低品位尾矿为主要原料,通过添加晶核剂、助熔剂等原料配制成特定组成的基础玻璃,并在加热过程中通过控制析晶而制得的一类含有大量微晶相及玻璃相的多晶固体材料,尾矿微晶玻璃属于微晶玻璃范畴。从热力学观点看,玻璃是一种非晶态固体,它是一种亚稳态,较之晶态具有较高的热力学能,在一定条件下,可转变为结晶态。从动力学观点看,玻璃熔体在冷却过程中,黏度的快速增加抑制了晶核的形成和长大,使其难以转变为晶态。微晶玻璃作为一种特殊的新型功能和结构材料,不同于陶瓷和普通玻璃。微晶玻璃与陶瓷的不同之处在于:玻璃微晶化过程中的微晶相是从单一均匀的玻璃相或已产生分相的区域,经过形核和晶体生长而形成致密的材料;而陶瓷材料中的晶相,除通过固相反应生成的新晶相或发生的重结晶以外,大部分是在制备陶瓷的过程中通过组分直接引入的。微晶玻璃与玻璃的不同之处在于:微晶玻璃是微晶相和玻璃相组成的复相材料;而玻璃则是非晶态或无定形态。另外,微晶玻璃可以是透明的或是呈各种颜色和花纹的非透明体,而玻璃通常是呈各种颜色、透光率各异的透明体。

尽管微晶玻璃的组织结构、理化性能以及生产方法与陶瓷和玻璃都有一定差别,但微晶玻璃既具有陶瓷的多晶特征,又有玻璃的基本性能,集中了陶瓷和玻璃的特点,成为一类独特的新型材料。这种独特的结构使它具有了陶瓷和玻璃的双重特性,集中了二者的优点,比如:高机械强度、优越的耐磨性能、耐候性能强、较宽的热膨胀系数、介电常数可调、化学稳定性好、抗热震性能好等特点。因此,微晶玻璃材料被广泛应用于冶金工程、建筑工程、航空航天、生物医学、电子工程、机械工程、化学化工等领域。

1.1.2　尾矿微晶玻璃的组成及分类

（1）尾矿微晶玻璃的组成

尾矿微晶玻璃的制备包括两个基本过程，首先是尾矿玻璃及其制品的制备，然后是玻璃进行晶化热处理而形成微晶玻璃。为达到形成玻璃和受控析晶的目的，尾矿微晶玻璃的基础组分中一般应含有一定量的玻璃形成剂，如 SiO_2、B_2O_3、Al_2O_3 等。同时为了使玻璃易于析晶或分相，微晶玻璃基础组分还应含有具有小离子半径及大场强的 Mg^{2+}、Ca^{2+} 等，以及作为晶核剂的 Cr_2O_3、TiO_2 等。此外为形成所期望的晶相，玻璃的基础组成还必须含有适量的组成该晶相的成分，如制备以透灰石（$CaMgSi_2O_6$）为主晶相的尾矿微晶玻璃必须含有一定量的 CaO 等。因此，并非所有的尾矿都适合制备尾矿微晶玻璃。

目前，已经成功用于制造尾矿微晶玻璃的有：尾矿（如石棉尾矿、铁尾矿等），较佳的成分（质量分数）范围为 50% ～ 60% SiO_2、6% ～ 9% Al_2O_3、11% ～13% CaO、3% ～ 5% MgO、3% ～ 5% K_2O、2% ～ 8%（FeO＋Fe_2O_3）；灰渣（如粉煤灰等）；某些岩土尾砂（如高岭土等）。它们一般都含有 SiO_2、Al_2O_3、CaO、MgO、R_2O 以及可作为助熔剂、晶核剂的组分。但是要制得具有所需工艺性能的尾矿微晶玻璃，还要根据需要添加一些其他的化学组分如石英砂、纯碱等。

（2）尾矿微晶玻璃的类型

尾矿微晶玻璃种类繁多，其原料来源几乎包括了工业生产过程中产生的各种固体废弃物。从铁尾矿、金尾矿砂、钨尾矿、磷尾矿到粉煤灰、污泥等大宗固废，均能够通过调节基础成分配制成尾矿微晶玻璃。按照尾矿微晶玻璃其结晶过程中析出的主晶相种类，可分为透辉石类尾矿微晶玻璃、硅灰石尾矿微晶玻璃、含铁辉石类尾矿微晶玻璃、镁橄榄石类与长石类尾矿微晶玻璃等。

① 透辉石类微晶玻璃，主晶相为透辉石（$CaMgSi_2O_6$）。

透辉石是一维方向无限延伸的单链结构，其耐磨性、耐腐蚀性能优良，机械强度高。透辉石微晶玻璃的基本系统有 $CaO－MgO－SiO_2$、$CaO－Al_2O_3－SiO_2$、$CaO－MgO－Al_2O_3－SiO_2$ 等。透辉石类尾矿微晶玻璃最有效的形核剂是氧化铬，也常采用复合形核剂如 Cr_2O_3 和 Fe_2O_3、Cr_2O_3 和 TiO_2、Cr_2O_3 和氟化物等。P_2O_5、ZrO_2 分别与 TiO_2 组成的复合晶核剂也可有效促进钛渣微晶玻璃整体晶化，形核机理皆为液相分离，主晶相为透辉石和榍石。透辉石晶化能力较强，其结晶过程趋向于全面的同结晶性质，使得各种阳离子可轻易地筑成晶格，因此可以采用各种组成的尾矿制备透辉石尾矿微晶玻璃。

透辉石属链状结构,其单链结构是以[Si_2O_6]$^{4-}$为结构单元的无限长链,透辉石中的Mg^{2+}经常可以被Fe^{2+}、Ca^{2+}、Ni^{2+}等取代而形成固溶体,利用这个特性可以制得性能优异的微晶玻璃制品。邓磊波等以白云鄂博尾矿为主要原料制得了以单相透辉石固溶体$Ca(Mg,Al,Fe)Si_2O_6$为主晶相的微晶玻璃管材,莫氏硬度达9,抗折强度为1 520.27 MPa,耐磨、耐腐蚀性优越,已广泛应用于化工、建筑等领域。

② 硅灰石尾矿微晶玻璃,主晶相为硅灰石($CaSiO_3$)。

硅灰石具有典型的链状结构,抗弯强度和抗压强度较高,热膨胀系数较低。硅灰石类微晶玻璃的基本系统是$CaO-Al_2O_3-SiO_2$。其最有效的晶核剂为硫化物和氟化物,可通过改变硫化物的种类和数量制备浅色、黑色和白色的灰石尾矿微晶玻璃。其他成分如P_2O_5、V_2O_5、TiO_2等晶核剂对该系微晶玻璃的作用也有研究。CaO含量[①]对该系统玻璃制备过程及其性能有很重要的影响,CaO含量较高的玻璃宜采用熔融法成型,而CaO含量较低的玻璃宜采用烧结法成型。

在不加入晶核剂的情况下,$CaO-Al_2O_3-SiO_2$系微晶玻璃在高硅区只发生表面析晶而不整体析晶,利用这一特性,采用烧结法可制得性能优良的微晶玻璃花岗岩或微晶玻璃大理石等装饰板。赵前等分析了基础玻璃组分对$CaO-Al_2O_3-SiO_2-R_2O-ZnO$系统烧结微晶玻璃装饰板生产的影响,并指出合适的玻璃基础组成(质量分数)范围为:12% ～ 20% CaO、4% ～ 10% Al_2O_3、55% ～ 65% SiO_2、4% ～ 10%(Na_2O+K_2O)、2% ～ 10% ZnO、1% ～5% B_2O_3、2% ～ 10% BaO。硅灰石微晶玻璃的耐磨、耐腐蚀以及力学性能都比较优越,可作为耐磨、耐腐蚀产品应用于化学和机械工业中。微晶玻璃装饰板的强度大、硬度高、耐候性能好、热膨胀系数小且具有美丽的花纹,是用作建筑装饰的理想材料。

③ 含铁辉石类尾矿微晶玻璃,主晶相为$Ca(Mg,Fe)Si_2O_6$或$Ca(Mg,Fe,Al)(Si,Al)_2O_6$固溶体。

许多尾矿,如铁尾矿、钢渣等,铁的含量很高($FeO+Fe_2O_3>10\%$)。由于辉石的同晶趋向可以使大量的阳离子轻易进入晶格,使得可利用这类尾矿制备含铁辉石微晶玻璃。制备含铁辉石微晶玻璃最适宜的晶核剂是Cr_2O_3,氧化铬和氧化铁一起做晶核剂可形成尖晶石,随后在其晶体上析出组成复杂的单斜晶辉石。以单斜晶辉石为主晶相,基础玻璃组成(质量分数)范围大致为:40% ～ 60% SiO_2、10% ～ 20% CaO、6.6% ～ 11.5% MgO、4.2% ～ 13%(FeO +

---

① 书中未特殊指明的"含量",均指质量分数。

Fe_2O_3）。其耐磨性、耐酸（碱）性和力学性能都很优越。李保卫等采用铬渣和铁尾矿为主要原料也制得了含铁透辉石为主晶相的尾矿微晶玻璃,其晶相细小均匀,无微裂纹产生,固溶体的形成增强了玻璃的强度,是性能良好的结构材料。

④ 镁橄榄石类微晶玻璃,主晶相为镁橄榄石（Mg_2SiO_4）。

镁橄榄石具有较强的耐腐蚀性、较高的机械强度、良好的电绝缘性和较低的热膨胀系数等优越性能,其基本系统是 $MgO-Al_2O_3-SiO_2$。$MgO-Al_2O_3-SiO_2$ 系玻璃经过适当的热处理,也可获得具有天然大理石外观的材料。以镁橄榄石为主晶相,基础玻璃组成（质量分数）范围为:$46\% \sim 65\%$ SiO_2、$8\% \sim 14\%$ MgO、$14\% \sim 25\%$ Al_2O_3、$10\% \sim 22\%$ Na_2O、$2\% \sim 10\%$ ZnO。这类尾矿微晶玻璃适合于工业性大规模生产。其制品的耐酸（碱）性、抗弯强度、硬度、耐候性等均优于天然大理石和花岗岩。加入适量的着色剂如 CuO、Fe_2O_3、CdO、NiO 等可以制得各种颜色的微晶玻璃大理石。

⑤ 长石类尾矿微晶玻璃。

钙长石和钙黄长石也是尾矿微晶玻璃中经常出现的晶相。以炼钢尾渣为主要原料可制得以下组成（质量分数）的尾矿微晶玻璃:$40\% \sim 46\%$ SiO_2、$7\% \sim 9\%$ Al_2O_3、38% CaO、$4\% \sim 8\%$ MgO、$1\% \sim 5\%$ R_2O、$2\% \sim 6\%$ ZnO。长石类尾矿微晶玻璃主要晶相是黄长石固溶体。其中 Zn^{2+} 同晶取代四面体群$(MgO_4)^{6-}$ 中的 Mg^{2+} 形成锌黄长石。

1.1.3　尾矿微晶玻璃结构及性能

微晶玻璃是由微晶相和玻璃相组成的复相材料。其结构中的微晶体尺寸比一般结晶材料要小得多,一般不超过 $2~\mu m$,这种没有孔隙的细小晶粒的均匀结构,使得微晶玻璃具有高机械强度和良好的绝缘性能。

微晶玻璃的微晶相数量通常为 $50\% \sim 90\%$,玻璃相的数量为 $10\% \sim 50\%$,其分布状态随微晶相和玻璃相的比例而定。当玻璃相数量很少时,玻璃相以薄膜状态分布在大量微晶体之间;当玻璃相数量较少时,玻璃相呈连续网络状,分散在晶体网架之间;当玻璃相数量较多时,玻璃相呈连续的基体,晶相均匀弥散地分布其中。微晶玻璃中微晶相和玻璃相的组成及其比例,将影响微晶玻璃材料的性能,一般认为,微晶相数量多一些会有利于提高微晶玻璃的机械强度、耐磨性、硬度及化学稳定性。

细晶结构是微晶玻璃最突出的结构特征之一,是微晶玻璃获得一系列优越性能的前提条件。而微晶玻璃显微结构受诸多因素影响,如基础玻璃中各化学组分的含量、晶相组成、形核剂的种类及用量、热处理制度等。因此,适当的形核剂及热处理制度,使得玻璃基体在形核阶段可析出大量的晶核,并得到晶粒细小、分布均匀的微晶体，从而得到性能优良的微晶玻璃。

1.2　微晶玻璃析晶理论基础

　　微晶玻璃的晶体是在玻璃的转变温度以上、各晶相的熔点以下进行形核和晶体长大的，即是受控晶化而生成的。玻璃的析晶过程是玻璃基体在加热过程中发生相变，改变玻璃内部的组织与结构，改善材料性能的过程，属于固态相变的范畴。微晶玻璃的析晶过程遵循热力学规律，发生析晶总是趋向使系统吉布斯自由能 G 降低，亦符合析晶动力学所讨论的问题。

1.2.1　微晶玻璃析晶热力学

　　由母相中生成新相的晶核时（形核的条件），引起以下三方面的能量变化。

　　① 化学自由能，即形核时原子由高自由能的母相转移到自由能较低的新相上，使系统的吉布斯自由能降低。吉布斯自由能降低的程度与已转变的体积成正比，所以这部分能量称为体积自由能。因为吉布斯自由能的变化与成分有关，又称为化学自由能。单位体积的化学自由能用 Δg_V 表示，如果生成新相的体积为 V，则总的化学自由能变化为 $V\Delta g_V$。析晶驱动力即为新旧两相化学自由能的差 Δg_V，凝聚态各相自由能变化取决于温度的变化和相成分的变化，因此析晶驱动力也随相变温度和相成分的改变而改变。图 1.1 所示为母相 α 和新相 β 的吉布斯自由能随温度变化的曲线，从中可以看出：在临界点 T_0 时两相的吉布斯自由能相等，析晶驱动力 $\Delta g_V = 0$；随着温度的升高、过冷度（过热度）ΔT 的增加，析晶驱动力 Δg_V 增加，Δg_V 与 ΔT 之间几乎呈正比关系。

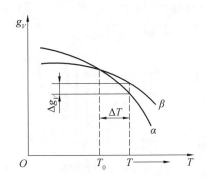

图 1.1　吉布斯自由能随温度变化曲线图

　　图 1.2 所示为在析晶温度为 T 时，确定析晶驱动力的图解法。由于微晶玻璃中，微晶相的吉布斯自由能随成分的改变而改变，因此，析晶驱动力也随相变

产物成分的变化而变化。

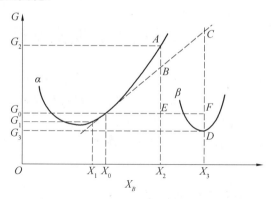

图 1.2　确定起始析出相变驱动力的图解法

② 界面能。新相晶核形成的同时,在新相与母相之间产生了相界面。由于相界面处原子排列不同于晶内,引起能量的升高,这部分能量称为界面能。常以 σ 表示单位面积界面吉布斯自由能。若生成新相晶核的界面为 S,则总的界面能是 S_σ。界面能使系统的吉布斯自由能升高。界面能的大小主要与形成的相界面的结构有关。共格界面如图 1.3(a) 所示,新旧两相晶格在界面处互相吻合,界面上的原子为两相所共有。相界面上的原子排列基本上是规则的,因而界面能最低。图 1.3(b) 表示半共格界面的结构,在界面上有两相晶格吻合较好的区域,还有吻合差的区域。在吻合差的区域有位错存在。半共格界面能与位错密度有关,位错密度高,则界面能高。很显然,半共格界面能高于共格界面能。非共格界面两侧的晶格类型和晶格常数相差较大,界面处原子排列不规则,类似大角晶界,因此非共格界面的界面能最高。图 1.3(c) 所示的非共格界面两侧的晶格类型和晶格常数相差较大,界面处原子排列不规则,类似大角晶界,因此非共格界面的界面能最高。

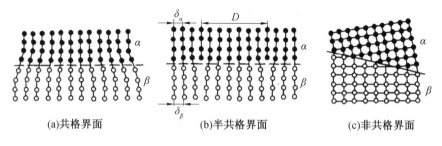

(a)共格界面　　　　　(b)半共格界面　　　　　(c)非共格界面

图 1.3　三种相界面示意图

③ 应变能。由于新相与母相的比体积不同,以及共格相界面两侧晶格常数的差别,在生成新相时会引起弹性变形,从而产生弹性应变能。若单位体积

的应变能以 ε 表示，则总的应变能为 V_ε。应变能也使系统的自由能升高。析晶过程中产生的应变能包含共格应变能和比体积应变能两部分。共格应变能是指形成共格界面时引起的弹性应变所产生的应变能。新旧两相的点阵总是存在着差别，或者点阵类型不同，或者晶格参数不同，因此两相的界面完全共格时，为抵消两相晶格的错排必将发生弹性应变，产生弹性应变能。比体积应变能是由于新旧两相的比体积不同而引起的应变能。新旧两相比体积不同，在新相形成时必然要发生体积的变化，这个变化受到母相的约束，因而引起母相弹性应变，产生应变能。新旧相的比体积差越大，新相和母相的弹性量越大，则比体积应变能越大。

因此，固态相变时，对于均匀形核，系统自由能总的变化 ΔG 可以用下式表示：

$$\Delta G = -V\Delta g_V + S_\sigma + V_\varepsilon \tag{1.1}$$

由式(1.1)可以看出，化学自由能使系统吉布斯自由能低，是析晶驱动力，而界面能和应变能是析晶的阻力。析晶的条件是系统的吉布斯自由能下降，即 $\Delta G < 0$。在一定的过冷(过热)条件下，在母相中形成大于某一临界尺寸的晶核时才能实现。另外，在一定过冷度下，系统的总自由能变化随新相的晶核半径 r 变化而改变。图 1.4 所示为不同过冷度($T_3 > T_2 > T_1$)条件下，ΔG 随新相晶核半径 r 变化的关系。图中 r^* 为不同过冷度下所对应的新相晶核临界半径。

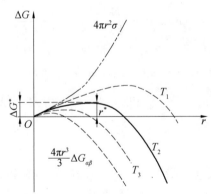

图 1.4　自由能变化与新相晶核半径及过冷度的关系

假定生成新相的晶核是半径为 r 的球形，根据 $\dfrac{d\Delta G}{dr} \leqslant 0$，可以导出临界晶核的半径 r^* 为

$$r^* = \frac{2\sigma}{\Delta G_V - \varepsilon} \tag{1.2}$$

式中,ΔG_V 为固、液两相单位体积自由能;σ 为单位面积界面吉布斯自由能;ε 为单位体积的应变能。

形成临界晶核所需的形核功 ΔG^* 为

$$\Delta G^* = \frac{16\pi\sigma^3}{3(\Delta g_v - \varepsilon)} \tag{1.3}$$

由式(1.2)、式(1.3)可以看出:当化学自由能增大时,临界晶核尺寸减小,形核功降低,新相形核容易;当界面能和应变能增大时,临界晶核尺寸增大,形核功增高,新相形核困难。

而对于非均匀形核,新相往往容易在母相的晶体缺陷(晶界、位错、空穴等)处不均匀形核。这是因为在缺陷处不均匀形核可以使缺陷消失或破坏而降低系统的能量。这部分能量 ΔG_B,相当于增加了相变驱动力,来克服新相形成功。非均匀形核时,体积自由能的变化可写成

$$\Delta G_{(非均匀形核)} = -V\Delta g_v + S_\sigma + V_\varepsilon - \Delta G_B \tag{1.4}$$

1.2.2　微晶玻璃析晶动力学

析晶动力学讨论了析晶的速率问题,描述了相变量与时间的关系。析晶速率是由形核速率和长大速率决定的。

(1)形核速率

形核速率又称形核率,固态相变时均匀形核的形核率 I 可用下式表示:

$$I = K\exp\left(-\frac{\Delta G^*}{kT}\right)\Delta\exp\left(-\frac{Q}{kT}\right) \tag{1.5}$$

式中,K 为系数;ΔG^* 为形核功;Q 为扩散激活能;k 为玻耳兹曼常数;T 为相变温度(热力学温度)。在加热转变时,温度 T 随过热度 ΔT 的增加而升高,形核功 ΔG^* 减小,因而 $\exp\left(-\dfrac{\Delta G^*}{kT}\right)$ 和 $\exp\left(-\dfrac{Q}{kT}\right)$ 增大,因此温度升高使形核率迅速升高。

(2)长大速率

在相变时,当形成大于临界尺寸的新相晶核后,新相将自发长大。新相长大的过程就是新相界面移动的过程,界面移动的速度即是新相长大速率。在扩散型相变中,新相长大有两种情况:一是新相形成时没有成分的改变,只有结构或有序度的变化,如纯金属的同素异构转变和有序－无序转变等,只要紧邻相界的母相原子做近程扩散越过相界,新相即长大,这种长大方式称为"界面控制长大";二是新旧两相的成分不同,需要溶质原子进行长程扩散迁移到新相,才能使新相长大,这种长大称为"扩散控制长大"。在新旧两相成分不同时,若两相结构不同,且为共格或半共格界面的情况下,界面在法线方向推进速度很慢,

新相长大多为台阶式长大机制,而不是长程扩散控制长大。

图 1.5 所示为由母相 α 中形成新相 β 时,原子在两相中自由能和越过相界的自由能。两相的自由能差为 ΔG,原子从 α 相跨过相界扩散到 β 相的激活能为 Q。若原子的振动频率为 ν_0,则 α 相中紧邻相界的原子跨入 β 相、β 相的原子跨入 α 相的激活概率 $\nu_{\alpha\to\beta}$ 和 $\nu_{\beta\to\alpha}$ 分别为

$$\nu_{\alpha\to\beta}=\nu_0\exp\left(-\frac{Q}{kT}\right) \tag{1.6}$$

$$\nu_{\beta\to\alpha}=\nu_0\exp\left[-\frac{Q+\Delta G}{kT}\right] \tag{1.7}$$

原子由 α 相到 β 相的净迁移率为:$\nu=\nu_{\alpha\to\beta}-\nu_{\beta\to\alpha}$。若 β 相生长一层原子,其厚度为 δ,则界面前进 δ。如果 α 相中最紧邻相界的原子全部迁入 β 相,则 β 相在单位时间内的界面迁移距离,即迁移速率－新相长大速率 u 应如下表示:

$$u=\lambda\,\nu=\lambda\,\nu_0\exp\left(-\frac{Q}{kT}\right)\left[1-\exp\left(-\frac{\Delta G}{kT}\right)\right] \tag{1.8}$$

式中,λ 为原子每次跃迁距离。

因为相界处的扩散系数 $D=\lambda^2\nu_0\exp\left(-\frac{Q}{kT}\right)$,所以式(1.8)还可以改写成:

$$u=\frac{D}{\lambda}\left[1-\exp\left(-\frac{\Delta G}{kT}\right)\right] \tag{1.9}$$

式(1.8)和式(1.9)即为界面控制新相长大速率表达式。

对于加热转变,随着过热度的增加,转变温度升高,ΔG 和 D 均增大,因此新相长大速率随温度的升高而单调地增大。

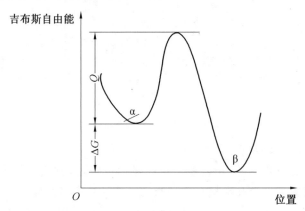

图 1.5　原子在 α 相和 β 相中的自由能

相变时新相与母相成分不同有两种情况:一是新相的溶质浓度高于母相;二是新相溶质浓度低于母相。无论哪种情况,新相的长大速率取决于溶质原子

的扩散。如图 1.6(a) 所示,母相 α 的成分为 C,在温度 T 析出的溶质浓度高于母相的新相 β。在相界处,β 相的浓度为 C_β,α 相的浓度为 C_α,而远离相界处的母相成分仍为 C,因此在母相内形成了浓度差 $C-C_\alpha$。如图1.6(b) 所示,此浓度差引起了 α 相内溶质原子的扩散。扩散使相界处的浓度平衡,为了恢复相间的平衡,发生了溶质原子越过相界由 α 相迁入 β 相的相间扩散,与此同时使 β 相长大。新相长大所需的溶质原子是远离相界的母相提供的。由此可见,新相的长大速率受溶质原子的扩散速度控制。根据扩散第一定律在 $\mathrm{d}t$ 的时间内,在母相通过单位面积的溶质原子的扩散通量为 $D\dfrac{\partial C}{\partial x}\mathrm{d}t$($D$ 为溶质原子在母相中的扩散系数)。若相界同时移动 $\mathrm{d}x$ 距离(新相增大了 $1\times\mathrm{d}x$ 体积),则 β 相中溶质原子的增量为$(C_\beta-C_\alpha)\mathrm{d}x$。由于溶质原子来自远离相界的母相,所以:

$$D\frac{\mathrm{d}C}{\mathrm{d}x}\mathrm{d}t=(C_\beta-C_\alpha)\mathrm{d}x \tag{1.10}$$

因而,β 相即新相长大速率为

$$u=\frac{\mathrm{d}x}{\mathrm{d}t}=\frac{D}{(C_\beta-C_\alpha)}\cdot\frac{\partial C}{\partial x} \tag{1.11}$$

这说明,扩散控制的新相长大速率,与扩散系数和相界附近母相的浓度梯度成正比,与相界两侧的两相之成分浓度差成反比。

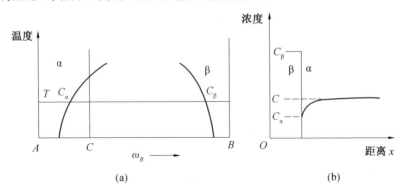

(a)   (b)

图 1.6   新相长大过程中的溶质浓度分布图

(3) 新相形成的体积速度和综合动力学曲线

新相形成的体积速率,是指在一定的过冷度(或过热度)下已发生相变的百分数与时间的关系。在形核率 I 和长大速率 u 不随时间变化的情况下,新相的转变量 V 与时间 t 的关系,可以用约翰逊－迈尔(Johnson-Mehl) 方程计算:

$$V=1-\exp(-KIu^3t^4/4) \tag{1.12}$$

式中,K 为形状系数,若新相形状是球形,则 $K=\dfrac{4}{3}\pi$。

在非均匀形核的情况下,形核率 I 是随时间变化的。母相的晶界处是新相的形核位置,随转变量的增加晶界面积在减小,因此形核率也随之减小。此时转变量与时间的关系遵循艾夫拉米(Avrami)经验方程:

$$V = 1 - \exp(-bt^n) \tag{1.13}$$

式中,b、n 为系数。b 取决于相变温度、原始相的成分和晶粒大小等因素;n 决定于相变类型和形核位置。

根据不同过冷度(过热度)下的形核率 I 和长大速率 u,可以应用式(1.12)或式(1.13)得出各过冷度(过热度)下的时间－转变量曲线,即相变动力学曲线。这些曲线均呈 S 形状,所有形核长大过程的相变均有此特性。将不同温度下的 S 曲线整理在时间－温度图上,可以得到综合动力学曲线,即等温转变(动力学)曲线。等温转变曲线表示了转变量与转变温度和转变时间的关系,又称 TTT 曲线。对于加热转变,随着转变温度的升高,相变驱动力和扩散速率均增加,因此加热转变的 TTT 曲线不同于过冷转变的 TTT 图(C 曲线),而是如图 1.7 所示。

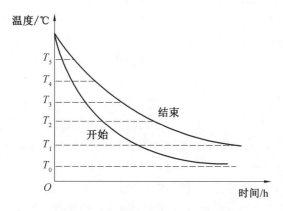

图 1.7 加热转变的 TTT 曲线

1.2.3 影响微晶玻璃析晶的因素

微晶玻璃在热处理(即受控晶化)过程中,玻璃经过晶核形成、晶体生长,最后转变为异于原始玻璃的微晶玻璃。因此,热处理是微晶玻璃生产的技术关键,微晶玻璃的结构取决于热处理过程。另外,微晶玻璃的析晶机理一般分为三类:① 晶核剂诱导析晶,即微晶玻璃中晶核剂自身成核作为结晶中心而诱导析晶;② 中间相诱导析晶,即晶核剂在玻璃熔制过程中与其中的组分形成了中间相,以此作为结晶中心而诱导析晶;③ 分相诱导析晶,即分相的存在使相界面的表面积显著增大,因而在这些界面上晶核得以优先发展。因此,影响微晶玻璃析晶的主要因素如下。

（1）基础玻璃成分的影响

基础玻璃成分是指基础玻璃中所含元素和化合物的种类与比例，即玻璃化学组成。基础玻璃成分对玻璃的析晶，以及最终形成的微晶玻璃材料结构、性质、功能都有重要作用。它是引起玻璃受控析晶的内因。从相平衡观点出发，一般玻璃系统中成分愈简单，则在熔体冷却至液相线温度时，化合物各组分部分相互碰撞排列成一定晶格的几率愈大，这种玻璃也愈容易析晶。当玻璃成分位于相图中的相界线上，特别是在低共熔点上时，因系统要析出两种以上的晶体，故在初期形成晶核结构时相互产生干扰，从而降低玻璃的析晶倾向，难于析晶。因此从降低熔制温度和防止析晶的角度出发，玻璃成分应当选择在相界线或低共熔点附近。

基础玻璃的化学成分对成型玻璃的网络连接程度有着重要的作用，而玻璃的网络结构直接影响到玻璃析晶过程。按照玻璃网络结构学说的观点来看，在玻璃网络中一般有三种网络体存在，即网络形成体、网络修饰体（又称网络外体）和网络中间体。

① 网络形成体指能够单独形成玻璃网络结构的氧化物，如 SiO_2、B_2O_3、P_2O_5、GeO_2、As_2O_5 等，它们的配位数一般为 3 或 4，形成的配位多面体为三角体或四面体。玻璃网络的结构单元，彼此之间以顶角相连，从而组成连续的玻璃网络或骨架结构。F－O（F 代表网络形成体阳离子）是极性共价键，具有离子和共价键特性，以共价键为主，F－O 单键能一般大于 335 kJ/mol。

② 网络修饰体不能单独形成玻璃，处于网络之外。常见的网络外体离子有 Li^+、K^+、Mg^{2+}、Ca^{2+}、Sr^{2+}、Ba^{2+}、Th^{4+}、In^{3+}、Zr^{4+} 等离子。阳离子配位数一般大于或等于 6，M－O（M 代表网络外体）表现为离子键，其中 O^{2-} 易于摆脱阳离子束缚，是"游离氧"的提供者，起到断网作用，但其阳离子（特别是高电荷阳离子）又是断键的积聚者，这一特性对玻璃的析晶有一定的作用。当阳离子 M 的电场强度（Z/r^2）较小时，断网作用是主要的；当阳离子电场强度较大时，积聚作用是主要的。M－O 单键能一般小于 251 kJ/mol。表 1.1 列出了各种氧化物给出游离氧的能力（K）。

表 1.1　各种氧化物给出游离氧的能力

$K = 1$		$K = 0.7$		$K = 0.3$		$K = 0$		$K = -1$	
离子	Z/r^2	离子	Z/r^2	离子	Z/r^2	离子	Z/r^2	离子	Z/r^2
K^+	0.52	Ca^{2+}	1.67	Li^+	1.65	Ti^{4+}	9.80	Be^{2+}	20
Na^+	0.83	Sr^{2+}	1.15	Mg^{2+}	2.90	Ga^{3+}	7.80	Al^{3+}	10
Ba^{2+}	0.91	Cd^{2+}	1.89	Zn^{2+}	3.30				
		Pb^{2+}	1.00	La^{3+}	2.80				

③ 网络中间体不能单独形成玻璃，其作用介于网络形成体和网络外体之间，常见的网络中间体氧化物有：BeO、ZnO、Al_2O_3、Ga_2O_3、TiO_2 等。阳离子配位数一般为 6，夺取"游离氧"后配位数变为 4，能够参与网络，起网络形成体作用(补网)；阳离子配位数大于 6 时，与网络外体作用相似。$I-O$(I代表中间体)表现为共价性和离子性，但以离子性为主，$I-O$ 单键能一般为 251～335 kJ/mol。在含有两个以上的中间氧化物复杂系统中，当游离氧不足时，中间体离子大致按下列次序进入网络：

$$[BeO_4] \rightarrow [AlO_4] \rightarrow [GaO_4] \rightarrow [BO_4] \rightarrow [TiO_4] \rightarrow [ZnO_4]$$

决定这一次序的主要因素是阳离子的电场强度，次序在后、未能夺取"游离氧"的阳离子将处于网络之外，起"积聚"作用。

(2) 分相作用的影响

玻璃在一定温度下热处理时，由于内部质点迁移，某些组分发生聚集，从而形成化学组分不同的两个相，这一过程称为分相。基础玻璃产生分相是由一定温度热处理过程中阳离子对氧离子的争夺所引起的。在硅酸盐玻璃基体中，桥氧离子被硅离子以硅氧四面体的形式吸引到周围，在一定温度热处理时，网络外体或中间体阳离子力图将非桥氧离子吸引到自己周围，并按自身的结构要求进行排列，使得它们的结构不同于硅氧网络结构。正是由于这种结构上的差异，当网络外体的离子势较大、含量较多时，由于系统自由能较大而不能形成稳定均匀的玻璃，它们就会自发地从硅氧网络中分离出来，自成一个体系，形成一个富碱相和一个富硅相。实践证明，阳离子势(Z/r)的大小，对氧化物玻璃的分相有决定性作用。例如碱金属离子，由于只带一个正电荷，阳离子势小，争夺氧离子的能力较弱，因此，(除 Li^+、Na^+ 以外)一般都与 SiO_2 形成单相熔体，不易发生分相。但碱土金属离子则不同，由于它带两个正电荷，离子势大，争夺氧离子的能力较强，故容易发生液相分离。总之，玻璃分相增加了相界的界面，为晶相的形核提供了条件，是析晶的有利因素。分相可使加入的形核剂组分富集于一相，起晶核作用，从而促进析晶。另外，分相导致两相中的一相具有较母相明显高的原子迁移率，这种高的迁移率能够促进析晶。从上面的讨论可知，凡是能引起分相的成分，均有利于玻璃析晶或失透。

(3) 晶核剂的影响

在微晶玻璃组成中引入晶核剂可促进玻璃在析晶过程中晶体的形核和生长，是控制晶核的关键措施之一。卓有成效的晶核剂应具备以下性能：① 在玻璃熔融、成形温度下应具有良好的溶解性，在热处理时应具有极小的溶解性，并能降低玻璃的形核活化能；② 晶核剂质点的扩散活化能要尽量小，使之在玻璃中易于扩散；③ 晶核剂组分和初晶相之间的界面张力越小，它们之间的晶格常数之差越小,形核越容易。

晶核剂可分为金属晶核剂和化合物晶核剂两大类。常用的金属晶核剂有 Au、Ag、Cu、Pt 等,它们以胶体颗粒大小的分散状态存在于玻璃中,在以后的热处理过程中诱导形核、促进析晶。化合物晶核剂包括氧化物、氟化物和硫化物,如 Fe_2O_3、TiO_2、Cr_2O_3、P_2O_5、ZrO_2、CaF_2 等,它们必须能够溶解在玻璃中,并在随后的热处理中通过分相或直接析出晶体促进非均匀形核,从而导致晶化。

(4) 热处理工艺的影响

微晶玻璃的性能取决于其内部结构,只有改变了材料的内部结构才能达到改变或控制材料性能的目的,而微晶玻璃的热处理工艺对材料的结构起着决定性作用。微晶玻璃的品种非常繁多,每一种产品都对应一定的生产方法,这使得制备微晶玻璃的工艺方法多样化。归结起来微晶玻璃制备方法主要有熔融法、烧结法和溶胶凝胶法三大类。最早的微晶玻璃是通过熔融法制备的,至今熔融法仍然是制备微晶玻璃的主要方法。微晶玻璃是通过受控晶化形成的材料。在热处理过程中,玻璃经过晶核形成、晶体生长,最后转变为异于原始玻璃的微晶玻璃,因此,热处理是微晶玻璃生产的技术关键。热处理过程一般分为两步法和一步法。两步法分两阶段进行,即将退火后的玻璃加热至晶核形成温度 $T_核$ 并保温一定时间,在玻璃中出现大量稳定的晶核后,再升温到晶体生长温度 $T_晶$ 使玻璃转变为具有亚微米甚至纳米晶粒尺寸的微晶玻璃。一步法是指对于某些微晶玻璃可以不需要核化保温而直接进入晶体生长阶段,使玻璃在晶化上限温度保温适当时间,制出的微晶玻璃可几乎全部晶化,剩下的玻璃相很少。不同的热处理工艺必然会引起微晶玻璃内部结构的变化,最终导致微晶玻璃性能的变化,因此,选择合适的热处理制度具有十分重要的意义。

1.3　微波加热技术的基本理论

1.3.1　微波加热原理及特点

微波是指频率非常高或波长非常短的电磁波,其频率范围的划分并无统一规定。通常将 300 MHz ∼ 300 GHz(1 mm ∼ 1 m) 范围的电磁波划分为微波频段,如图 1.8 所示;也有文献将微波频率范围定义为 300 MHz ∼ 3 000 GHz(1 mm ∼ 0.1 m)。为了避免干扰其他微波设施(雷达、通信等)的正常运作,家用和工业用的常用微波加热频率为 2.45 GHz (12.2 cm) 和 915 MHz(32.8 cm)。我国对家用烹饪微波炉或工业微波加热设备的微波泄漏量的规定有两种:在距离设备 5 cm 处,微波功率小于或等于 5 mW/cm²

(2 450 MHz)和微波功率小于或等于 1 mW/cm²(915 MHz)。与可见光相反，除了激光外，微波是相干和可极化的。因材料类型不同，它可以穿过、反射或被材料吸收，符合光学定律。对于低介电损耗的材料如金属，微波为全反射；对于介电损耗材料如石墨、碳化硅等，微波为全吸收；而复合材料是部分吸收与部分透过。微波烧结或微波合成是指用微波辐照代替传统的热源来完成烧结或合成工艺。由于微波有较强的穿透能力，它能深入样品的内部，首先使样品中心温度迅速升高，这就能使整个样品几乎是均匀地被加热。

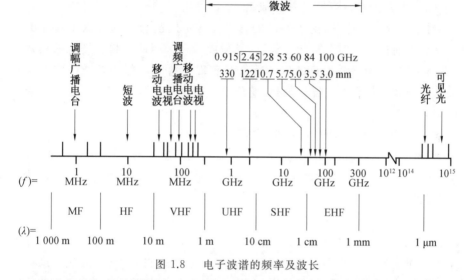

图 1.8　电子波谱的频率及波长

微波加热与传统加热方式不同，如图 1.9 所示，传统加热是从物料外部开始加热，再通过物料的热辐射、热对流和热传导，将热量传到内部；而微波加热是从物质内部开始加热，再由内而外进行加热。

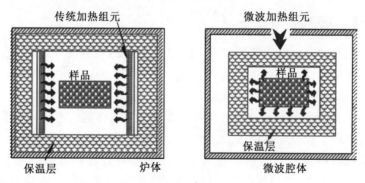

图 1.9　传统加热和微波加热模式

微波加热是将微波的电磁能转变为热力学能，更多的是能量转换而不同于热传导、热辐射及热对流。因此,与传统加热相比,微波加热具有以下特点。

（1）微波加热技术的"整体加热"

微波加热过程是微波穿过介质,物料中的极性分子会随着外加电磁场的变化而发生同频率转动、碰撞、摩擦而产生热量,从而实现了微波对物料的加热。这种加热方式是电磁波将材料自身吸收的微波能转变为材料内部分子的热力学能和动能的过程,该热量由材料的本身产生,而非来自于其他发热体。这样,被加热材料内部的温度梯度很小,材料就被整体、均匀加热。

（2）微波加热技术的"选择性加热"

对于混合材料体系,由于不同的材料具有不同的介电损耗因子和介电常数,微波在通过物料时会被物料吸收、反射或透过。因此物料所产生的热效应也有所不同,利用微波加热的这一特点可实现材料的局部加热或微波能的聚焦,从而实现对材料的选择性加热,这样可获得微观结构新颖及性能优良的特殊材料。

（3）微波加热技术的"瞬时性加热"

微波加热材料过程没有热惯性,关闭微波电源后,便无微波能量传向物质,利用微波加热的这一特性可实现对控温要求很高的反应,这即是微波加热技术的瞬时性。

（4）微波加热技术的"高效性加热"

由于微波电磁场的振动频率很快,而且其加热过程是材料体内部分子的发热,所以可实现材料自身快速地加热。对于一些特殊材料,它的加热速度甚至可以高达 10 ℃/s。微波加热技术的这一特点在某一程度上可以实现一些反应物以活性极高的状态来参与合成反应,这对于加速材料的制备过程、材料产品质量的提升都是非常有利的。

1.3.2　微波加热设备

微波加热体系由两大部分构成:微波发生、传输、控制部分和微波能加热器部分。微波加热设备一般包括磁控管、波导管、波导、环行器、定向耦合器、谐振腔、漏能抑制器、微波功率源等组元。

磁控管是微波的发生装置。工作在微波频率的磁控管有线性束管和交叉场型管等多种。微波加热中采用较多的多谐振磁控管为交叉场型管,即在阴极与谐振阳极间所加的直流电场与管轴方向所加的直流稳恒磁场是相互垂直的。在这种状态下,磁控管阴极发射的电子受电场加速并随速度增大而受到增大的正交磁场的洛仑兹力作用,从而只有那些具备足够能量的电子才能以曲线路径达到加有交变高频电压的阳极,这些达到阳极的电子将其所获得的能量全部交给高频场,并维持高频场振荡,持续向外发射微波能量。多谐振腔磁控管以圆筒形提供发射电子的阴极,环绕阴极的是由多个谐振腔组成的谐振系统。由谐振腔决定振荡频率,并同时作为收集已交出运动动能的电子的电极。微波能量最终由能量输出器引出。

波导管是一种空心金属管。常见的波导管有矩形和圆柱形两种。在波导管中能够传播的电磁波可以归纳成两大类。其一为横电波(或磁波),简称为 TE 波(或 H 波),磁场可以有纵向和横向的分量,但电场只有横向分量;其二为横磁波(或电波),简称为 TM 波(或 E 波),它的电场可以有纵向和横向的分量,但磁场只有横向分量。至于电场和磁场的纵向分量都不为零的电磁波则可以看成由横电波、横磁波叠加而成。在实际应用中,总是把波导管设计成只能传输单一波型。现在使用的标准矩形波导管中,都只能传输 TE10 波(或 H10 波)。

波导用来完成微波传送、相互连接、耦合及改向等传输任务。空心波导将电磁场限制在波导的空间中以避免辐射损耗。波导按形状和功能分为直波导、曲波导、弯波导和扭波导,后三种用来改变传输方向。微波加热常采用矩形截面波导,其形式为矩形截面的长空心金属管,波导的内腔尺寸是保证传输高阶型波的关键,即由其确定所传播的高阶型波的截止波长。波导内表面必须光滑,无焊疤尖点,因为任何不对称或不规则之处都将吸收由波导输入的主模的能量并再次予以辐射,激励出其他型波,这样就会造成电磁场分布不匀,影响加热效果。

环行器是非可逆的传输件,常用以连接微波源和谐振腔。当谐振腔中因物料不能全部吸收微波功率时,部分反射功率通过环行器进入终端负载(水负载),以避免多余的微波功率返回微波源而损坏磁控管。环行器也是一种非互易器件。在微波技术中,常利用环行器控制功率的流向。

定向耦合器是微波技术中最常见的元件之一,它可以将主传输线中的微波功率以一定的方向和比例耦合到另一条传输线中去。它即是一种功率分配元件,又可作为固定衰减器。

谐振腔,即加热器体,是完成微波能量与介质相互作用的器件,也是加热体系中的关键部件。谐振腔可分为箱型、波导型、辐射型和表面波导型等种类。家用微波炉为批量式箱型,而大输出功率的多为隧道式箱型,即将多个单箱体串连起来。谐振腔内表面必须光滑、无突出或螺钉头。采用串联多箱式谐振腔时,箱与箱之间应留有过渡段以免各箱体之间微波干扰。在谐振腔内的空间各点,能量是以某种模式的场分布的,故各点的热功率并不均匀。因此,在谐振腔体上常用多口耦合馈能来改善其均匀性。另一种改善均匀性的方法称为模式互补法,有两种方式:一是使箱内同时存在多种模式,利用其空间分布的强弱不同而相互弥补叠加;二是利用类似电扇叶片的搅拌器,安装在波导馈能耦合口附近,以一定转速转动,由金属叶片产生反射波,扰动腔内场分布以激励多种模式,实现模式互补。后一种方式常见于家用微波炉中。

漏能抑制器设在加热器的物料输入、输出处。其功能是防止谐振腔中的电磁波外泄而危及人员安全。控制微波泄漏的措施:① 截止波导式,即利用微波能量在截止波导中传播时被强烈衰减的作用;② 波导槽抑制式,即在加热器的出入端口宽边上加一组短路波导;③ 皱折式,即用一系列等长度的波导槽周期性排列在主波导上;④ 电阻性抑制,即用具有良好微波吸收性能的材料黏结到抑制器末端使其吸收微波能。实际中所用的抑制器多为组合式,即首先利用梳形板的突点和不对称点将高强度的电磁波转换成其他型波以减弱其强度,经过一系列的衰减后,当微弱的电磁波继续前进就进入由吸收材料组成的内腔,被吸收材料所吸收。

微波功率源用来为磁控管提供集中调控好的电源。其中,磁控管冷却装置主要出现在大功率磁控管中,采用冷却水内部循环来解决自身发热的问题;加热体系中的水负载是用来吸收由环行器馈送来的多余的微波能量,实际上是磁控管的安全装置;观察窗孔和排湿孔的设计除满足功能要求外,还要有良好的微波屏蔽特性。

1.3.3　微波与材料的相互作用

微波与物质相互作用,会产生反射、吸收和穿透现象,这取决于材料本身的几个主要特性:介电损耗因子、介电常数、含水量、形状和比热容的大小等。因此并非所有的物质都能与微波相互作用而产生热效应,一般物质按其与微波的相互作用效果大致可以分为三类:对于良导体来说,如大多数金属,微波几乎全部在表面即被反射,能进入金属内部的能量相当小;对于电导率非常低、极化损耗很小的微波绝缘介质,如室温下的石英玻璃,微波几乎是全透射,一般不易被加热;对于那些电导率和极化损耗适中的损耗介质,微波既有一定的吸收,又有相当的透射深度,常被用作微波辅助吸波介质。

理论上说,当微波作用到物质上时,可能产生电子极化、原子极化、偶极子转向极化及界面极化,如图 1.10 所示。电介质电极化的微观机理有四种:① 电子极化,是指在电场作用下,组成介质的原子(或离子)中的电子云发生畸变,从而产生感应电矩;② 原子极化,是指在电场作用下,组成介质的正负离子发生相对位移,从而产生感应电矩;③ 偶极子转向极化(取向极化),是指介质的分子(或原胞)具有固有电矩,在外电场作用下,电矩沿外场定向排列,从而在介质中产生宏观电矩;④ 界面(或空间电荷)极化,是指在非均匀介质中,空间电荷在外电场作用下发生移动,而在边界区域聚集,从而产生感应电矩。故介电极化可表示为

$$\alpha_t = \alpha_e + \alpha_a + \alpha_d + \alpha_i \tag{1.14}$$

式中,α_t 为总的介电极化;α_e 为原子核周围的电子引起的电子极化;α_a 为由于原子核极化引起的原子极化;α_d 为由材料中的永久偶极子极化引起的偶极子极化;α_i 为由于界面处电荷极化引起的界面极化。

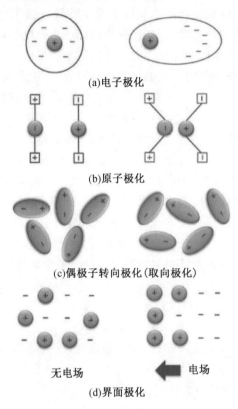

图 1.10   微波与物质相互作用极化机理示意图

微波交变电场的振动周期为 $10^{-12} \sim 10^{-9}$ s,原子极化和电子极化对应的弛豫时间在 $10^{-16} \sim 10^{-15}$ s 之间,界面极化和偶极子转向极化对应的弛豫时间在 $10^{-13} \sim 10^{-12}$ s 之间。从上述时间关系中可以看出,原子和电子极化的建立及消除所需的时间比微波电场反转的时间要少得多,其谐振频率分别位于紫外和可见光区,所以对于微波介电加热的特性没有贡献。而材料中永久偶极子的定向的建立和消除所需时间与微波场变化的时间基本相似。因此在微波场中,偶极子的转动和排列总是随电场的变化而变化,并滞后于电场的变化,从而导

致材料的介电加热。当材料为一种多介质不均匀材料时,其内部导电粒子和绝缘粒子间会存在界面电荷,在微波场的作用下,界面电荷极化也会导致微波介电加热。电场的转矩可诱导极性分子的旋转,但极性分子的运动速度不够快,并不能适应这种旋转变化速率,无法与电场在时间上保持平衡,这种电磁刺激与分子响应的延迟是介电损耗的物理起源。

微波辐照条件下,材料的加热特性主要由其自身的介电性质所决定。当微波穿过介电材料传播时,在材料受影响的区域产生了内电场,诱导了自由或束缚电荷的移动,并使电荷复合体如偶极子发生旋转。由于惯性、弹性和摩擦力等与频率相关,导致此种运动受阻,使材料内部产生介电损耗并减弱了电场,这种损耗的结果就是整体性的加热。在特定的频率和温度下,材料对微波的吸收以及将微波能量转变为热力学能的程度是一定的,这主要是由材料的损耗因子($\tan \delta$)决定的,计算公式为 $\tan \delta = \varepsilon'' / \varepsilon'$。式中,$\varepsilon''$ 为材料的介电损耗,是衡量材料将电磁能转变为热力学能的效率的标准;ε' 为材料的介电常数,是衡量材料受外部电场的影响,分子极化能力的标准。$\tan \delta$ 越大,材料受微波能量的影响越大,将电磁能转化为热力学能的能力越强。根据介质极化理论,电子极化与温度无关;原子极化随温度增高,极化增强;偶极子转向极化随温度变化有极大值;界面极化则是随温度升高而减弱。图 1.11 所示为介电损耗随温度的变化关系图。因此,一些材料在室温时可能为非微波吸波材料,但是随着温度升高,介电损耗逐渐变大,使材料在高温时又成为微波吸收材料。

根据上述原理,由麦克斯韦方程出发推导了微波场对物质热效应的表达式:

① 物质吸收的微波能(P)。

$$P = 2\pi\lambda\, \varepsilon'' E^2 \tag{1.15}$$

式中,π 为圆周率;λ 为微波频率;E 为电场强度;ε'' 为物质的介电损耗,它表示物质将电磁能转换为热力学能的效率。

② 微波在不同材料中的穿透深度(D)。

$$D = \frac{c\varepsilon_0}{2\pi\lambda\varepsilon''} \tag{1.16}$$

式中,c 为常数;ε_0 为无外电场时物质的介电常数;ε'' 为物质的介电损耗。

③ 物质在微波加热下的升温速率。

$$\frac{\mathrm{d}T}{\mathrm{d}t} = \frac{K\lambda E^2 \varepsilon'(T)\tan \delta(T)}{\rho c_V} \tag{1.17}$$

式中,$\tan \delta(T)$ 为介质损耗因子角正切值,表示物质在特定频率和温度下将电磁能转化为热力学能的能力;$\varepsilon'(T)$ 为物质的介电常数;K 为常数;ρ 为物质的密度;c_V 为物质的质量定容热容。

　　由此可见,在一定的微波场中,物质本身的介电特性决定着微波场对其作用的大小。根据物质的介电常数可以判别材料的极性大小。极性分子的相对介电常数较大,同微波有较强的耦合作用,非极性分子同微波不产生或只产生较弱耦合作用。在常见物质中,金属导体反射微波而极少吸收微波能,所以可用金属屏蔽微波辐射,以减少对人体的危害;玻璃、陶瓷等能透过微波,本身产生的热效应极小,可用作反应器材料;大多数有机化合物、极性无机盐及含水物质能很好吸收微波,使自身温度升高,这为微波介入化学反应提供了可能性。

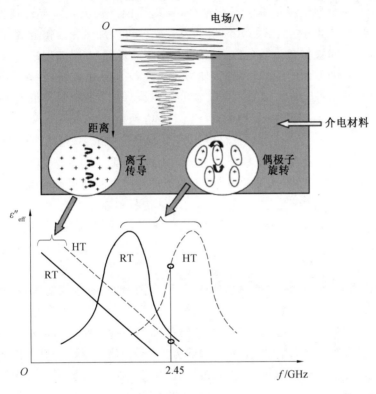

HT—加热温度;　RT—室温

图 1.11　介电损耗随温度的变化关系图

1.3.4　微波加热技术及其在先进材料中的应用

　　在 20 世纪 30 年代人们即开始微波加热的基础理论研究。1937 年,Kassner 首次得到了微波加热的专利权。1947 年,美国雷声公司研制成功了世界第一台微波炉。1952 年,微波加热技术迅速发展,微波等离子体应用取得成功。1966～1968 年,Pushner 和 Okress 分别出版了微波加热的专著。1966 年,在加拿大成立了国际微波功率协会IMPI,大型微波加热设备开始投入使用。1968年,加拿大科学家Tinga等人提出微波高温加热技术,尝试用微波加热的方法来烧结陶瓷材料,并获得了初步的成功。1974年11月,我国在南京召开了第一次微波能应用技术经验交流会。1983年,中国电子学会在南京主办了第一届全国微波能应用学术交流会。1986年,Gedye等人将微波用于酯化、水解、氧化和亲核取代反应,打开了微波化学应用的新局面。1993年,在吉林长春召开了吉林夏季微波化学会议。1995年,我国成立了微波化学协会,并于1996年举办了第一届全国微波化学学术讨论会,这期间国外微波化学亦迅速发展。1999年,美国宾州州立大学的Roy等人发现微波可以加热并熔化金属,微波更广阔的研究空间被打开。至今为止,经过几十年的发展,在微波理论、实验装置和烧结工艺等多方面的探索和研究,使得这一新技术迅速发展,各种不同类型的微波烧结装置也相继问世,烧结温度一般已达 1 800 ℃,最高可达到 2 300 ℃。人们通过微波加热技术已经成功地制备了 SiO_2、Si_3N_4、TiO_2、ZrO_2、ZnO、$Al_2O_3 - TiC$ 等陶瓷材料。目前,美国、加拿大、德国、日本和澳大利亚等国家已在高技术陶瓷、粉末冶金、矿物冶金和耐火材料等领域实现了产业化。在国内,李保卫等人研究了利用微波加热技术制备尾矿微晶玻璃的工艺;朱英杰等人开展了微波技术在无机纳米结构材料制备工艺中的应用;任建伟等人研究了微波技术在储氢材料中的应用研究;田禹等人利用微波加热制备出污泥灰微晶玻璃。至今,国内外研究者几乎对所有的氧化物陶瓷材料进行了微波烧结研究。

目前,国际上对微波强烈地加速化学反应存在两种有争议的观点:微波非热效应和微波热效应。赞同微波非热效应的科学家们认为,微波辐射加速材料反应过程机理的研究尚处于起步阶段。微波非热效应是指当微波加热作用于某些化学反应时,反应速率高于传统加热方式,部分研究者认为其原因可能是微波频率与分子转动频率相近,微波被极性分子吸收时,微波能与分子平动能发生自由交换,降低了反应活化能,改变了反应动力学,从而促进了反应进程,即所谓"非热效应"。他们认为微波加速化学反应主要源于反应体系内的特殊分子、中间体或过渡态与微波电磁场直接发生稳定的相互作用,而与宏观上的反应温度无关。例如,Janney等人在研究微波烧结$\beta - Al_2O_3$陶瓷的致密化速率、晶粒尺寸与温度的关系的过程中,发现微波烧结$\beta - Al_2O_3$陶瓷时的烧结活化能为170 kJ/ mol,而常规烧结时的烧结活化能为 575 kJ/mol,相比较降低了70%。因此他们认为这是微波烧结能加快陶瓷致密化的原因。为了进一步证实这一点,他们又对已经致密化的$\beta - Al_2O_3$陶瓷进行退火处理,发现微波热处理的确降低了晶粒长大过程中的活化能。虽然对于反应机制还不是很清楚,但是他们认为微波场的使用诱导了介电材料分子极性偶极的快速旋转,在增加分子与原子间接触概率的同时摩擦生热,因此,分别提高了反应速率、降低了反应活化能。此外,Binner 等人还发现微波能促进 TiO_2 与 C 反应生成 TiC。他们认为微波不是降低了活化能而是改变了扩散系数表达式中指数项前面的因子,即改变了公式(1.18)中的 A 而不是 Q:

$$k = A \exp\left[-\frac{Q}{kT}\right] \tag{1.18}$$

但他们对 A 改变的解释并不能让人满意。Booske 等人对 Janney 的结论提出异议,他们认为物质扩散的活化能是由材料固有的内部特性(如离子键强度、晶格结构等)决定的,不应受到外力的影响而改变。他们认为 Janney 的问题在于不恰当地使用玻耳兹曼热模型来解释烧结速率和示踪原子扩散的实验数据。他们提出另一套假设:微波辐照在多晶体中激发出非热声子,由此加强了晶格离子的移动,导致微波对扩散过程的促进和烧结速率的提高。Rybakov 等人认为由于微波场的作用使得陶瓷颗粒表面附近产生了附加的应力,由此生成促进物质传输的额外动力。还有一些科学家们还提出一个与极性反应机理相似的微波效应,即反应物从基态到过渡态的转变过程中其极性增加,通过降低反应的活化能达到加速化学反应的目的。从目前来看,对于微波促进扩散的机制和微波非热效应的物理本质仍没有一个能使大家都完全信服的说法,这方面的工作还有待进一步深入。

而赞同微波热效应的科学家们认为,微波加热虽然具有加热均匀、效率高、瞬时性等特点,但其在化学反应中的作用和传统加热一样,仅仅是一种加热方式。微波热效应是指当微波作用于材料时,可加剧材料分子的运动,提高分子的平均动能,加大分子的碰撞频率,从而改变反应速率。介质在微波场中的加热效应有两种机理,即偶极子转动机理和离子传导机理。在自然状态下,介质内的偶极子做杂乱无章的运动和排列,当介质处于微波辐射电磁场中时,分子由杂乱无章的状态变成随电磁场改变而规则变化的状态。微波辐射下,电场的两极快速摆动,偶极子转动产生相当可观的热量,从而使体系在很短的时间内达到很高的温度。另因偶极子随所加电场方向的改变而做的规则摆动会受到分子热运动和相邻分子间相互作用的干扰和阻碍,使得杂乱无章的热运动分子产生了类似摩擦作用,从而获得更多能量,以热的形式表现出来,介质的温度随之升高。偶极子转动产生的加热效率取决于介质的弛豫时间、温度和黏度。离子传导是指可解离离子在电磁场中的导电移动,离子移动形成电流,介质对离子流的阻碍以 $Q = I^2RT$ 产生热效应。介质中离子导电作用大小与离子的浓度和迁移率有关,并受离子与介质分子之间的相互作用的影响。对于某一反应来说,当反应原料、反应温度、催化剂及产物相同时,该反应的动力学不发生任何改变,与使用何种加热方式无关。微波加速化学反应完全是微波的热效应所致,这主要源于微波介电加热与传统加热的加热特性不同。使用微波辐照极性材料时,可以快速获得高的反应温度。例如,微波条件下在密闭反应腔体内,高微波吸收溶剂(如甲醇,$\tan\delta=0.6599$)几秒内便可被加热至 100 ℃ 以上,这个温度远高于溶剂本身的沸点。这里需要另外考虑的是微波特殊效应,其主要是由微波介电加热机理产生的,其中包括:① 溶剂的过热效应;② 在非极性/弱极性反应体系内,对强微波吸收物质的选择性加热;③ 微波能量与特殊物质直接耦合形成"分子辐射体"(即微环境中的热点);④ 由温度梯度倒置所引起的无器壁效应。这些微波效应对化学反应的加速也是常规加热条件下所无法完成的,虽然难以精确测出这些反应温度,但其本质仍是微波热效应。

从已有的报道来看,用微波技术处理陶瓷材料,其显微形貌及力学性能与处理时间、温度等诸多因素有关,但其中的规律性还有待深入探索。且对于微波技术处理尾矿微晶玻璃的研究,国内外均鲜有报道。

1.4　本书研究背景、主要内容及技术路线

1.4.1　研究背景

近年来我国采矿冶金事业发展迅速,这在有力地支援了国家建设的同时,还产生了大量的固体废弃物。据环境综合资源利用协会截至 2010 年不完全统计,我国尾矿每年的排放量大约为 10 亿 t,而且累计堆放量已超过百亿 t,但是目前还没有有效的处理和利用途径,其综合利用率也只有 14% 左右。矿产资源的回收再利用领域任务艰巨,面临一系列的挑战。目前国家对尾矿等固体废弃物的综合利用高度重视,因此在接下来的几十年矿产资源的综合利用将会有较好的发展前景。针对现在的尾矿资源利用率低的情况,并且由于尾矿中含有较多的基础玻璃成分中的氧化物,可利用其生产高附加值的微晶玻璃。微晶玻璃具有附加值高、配料组分宽、有害物质固化效果好等优点,可以实现资源的循环利用,提高尾矿的综合利用率,不仅有利于改善环境,还节省资源,促进产业结构的调整和升级。

本课题组在前期的研究中,以白云鄂博二次选尾矿和粉煤灰为原料,先后经实验研究、中试实验、产业化,成功生产出晶粒尺寸为 70～200 nm、抗折强度为 196 MPa、压缩强度为 1 341 MPa、莫氏硬度为 9 级、磨耗量为 0.04 g/cm² 的各种微晶玻璃产品。这种尾矿微晶玻璃由于具有优越的理化性能被应用于各

种恶劣工况,具有广泛的市场应用前景和巨大的潜在经济价值。尾矿微晶玻璃不仅是处理尾矿的一种重要形式,而且是实现矿产资源高效、高附加值利用的有效途径。图 1.12 所示为本课题组中试生产的产品(即中试产品,是不同口径的微晶玻璃管材),这些产品已成功应用于包钢冀东水泥有限公司、大庆华能新华电厂、内蒙古能源准大发电厂、神华煤制油有限公司等。

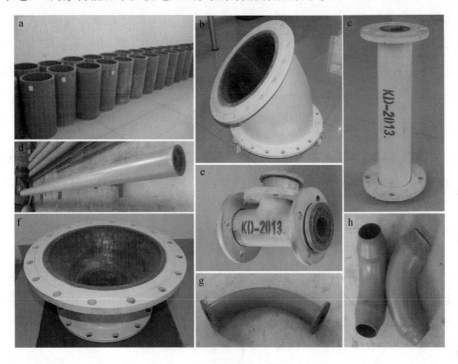

图 1.12　尾矿微晶玻璃中试产品

目前关于微晶玻璃的制备方法主要集中于用传统热源进行加热,该方法能量消耗大且耗费时间长,故采用新的能源代替传统能源成为一个新的研究领域。能源是工业化社会经济发展过程中的"血液",没有充足的能源供应,社会经济难以整体持续发展。我国是一个能源消耗大国,尤其是近几年来,我国的能源工业面临着严峻的考验,如何寻找到新的能源来替代传统能源直接关系到国家安全以及社会的可持续发展问题。微波高温加热技术于 1968 年提出,是基于材料本身的介质损耗而发热,与通过外部热源的加热方式有着本质的区别。微波加热同传统加热方式相比具有明显的优势和特点,如效率高、能量利用率高、无污染、能整体快速加热、烧结温度降低、材料的显微结构均匀等。微波加热经大量研究已经在某些领域取得了突破性进展,如 $Li_2O \cdot 2SiO_2$ 系微晶玻璃的制备,国内的哈尔滨工业大学已经成功使用微波热源获得污泥灰微晶玻璃。但目前对于 CAMS 系微晶玻璃的微波热处理方面的研究和文献还鲜有报道。

鉴于此,本书以山东金尾矿和固阳铁尾矿为主要原料制备 CAMS 系基础玻璃,将微波热源引入 CAMS 系微晶玻璃的热处理过程中,目的是以更加绿色节能环保的方式获得力学性能良好、耐酸(碱)性优良的尾矿微晶玻璃:一方面可以消耗固体废弃物;另一方面进一步地降低生产成本,同时为今后低能耗生产尾矿微晶玻璃提供一条新途径。因此撰写本书具有重要的理论和实际意义。

1.4.2　研究内容

本书的研究目的是将微波加热技术引入尾矿微晶玻璃的生产工艺过程中,并制备出性能优良的微晶玻璃制品,在此基础上研究微波效应对微晶玻璃组织结构和性能的影响,为新能源取代传统能源提供实验参考,为今后低能耗生产尾矿微晶玻璃提供一条新途径。本书具体研究内容如下:

① 尾矿微晶玻璃配方的确定及传统热处理工艺对其析晶过程的影响。

首先以山东金尾矿和固阳铁尾矿为主要原料,确定微晶玻璃基础配方,采用熔融法制备尾矿基础玻璃。以该基础玻璃为研究对象,研究传统一步法热处理的温度及保温时间对尾矿微晶玻璃的析晶行为、物相组成、晶体结构、显微形貌和理化性能的影响规律,以及该系微晶玻璃晶体的连续生长过程。

② 微波热处理工艺对尾矿微晶玻璃析晶过程的影响研究。

以研究内容 ① 中的基础玻璃为研究对象,确定微波热处理工艺,进一步研究微波一步法热处理的温度、保温时间、微波功率及微波辅助介质对尾矿微晶玻璃的析晶行为、物相组成、晶体结构、显微形貌和理化性能的影响规律及作用机理。

③ 微波热处理对尾矿微晶玻璃析晶过程影响的机理探究。

分别采用传统加热方式和微波加热方式,以相同热处理工艺制备尾矿微晶玻璃,并对其物相组成、晶体结构、显微形貌和理化性能进行对比分析,研究微波效应对尾矿微晶玻璃的析晶过程的影响规律。此外,对微波效应对尾矿微晶玻璃的作用效果进行定量分析,对尾矿微晶玻璃的变频高温介电性能进行定性分析,研究微波效应对尾矿微晶玻璃的作用机理。

④ 微波热处理过程中铌及稀土元素对尾矿微晶玻璃结构和性能的影响。

以研究内容 ① 中的基础玻璃为研究对象，采用熔融法制备添加不同含量的 Nb_2O_5、La_2O_3、CeO_2 和混合稀土的尾矿微晶玻璃，通过微波一步法进行析晶热处理，研究微波场作用下以上四种特殊成分对尾矿微晶玻璃的析晶行为、物相组成、晶体结构、显微形貌和理化性能的影响规律及作用机理。

1.4.3　技术路线

本书研究过程中的技术路线如图 1.13 所示。

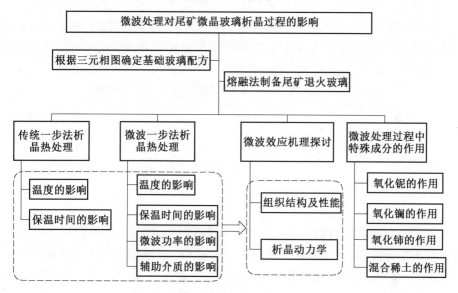

图 1.13　微晶玻璃工艺流程及技术路线

第2章　材料与方法

2.1　实　验　原　料

本实验以山东金尾矿和固阳铁尾矿为主要原料,经包钢矿山研究院分析检测中心利用化学元素定量分析法检测的山东金尾矿和固阳铁尾矿的化学成分组成见表 2.1。

表 2.1　山东金尾矿和固阳铁尾矿化学成分(质量分数)　　　　%

原料名称	SiO_2	K_2O	Na_2O	CaO	Al_2O_3	MgO	$TFe^{①}$
山东金尾矿	67.2	5.7	1.4	3.9	11.0	1.6	3.2
固阳铁尾矿	42.97	1.18	1.2	21.92	5.59	11.34	11.25

注:①TFe 指全铁。

由表 2.1 可知,山东金尾矿中含有大量 SiO_2、CaO、MgO 及铁氧化物,金尾矿中含有大量 SiO_2、Al_2O_3。其中 SiO_2、Al_2O_3、MgO 及 CaO 是制备 $CaO-MgO-Al_2O_3-SiO_2$(以下简称 CMAS)系微晶玻璃的基础原料。按照设计好的玻璃基础配方,山东金尾矿和固阳铁尾矿中不足的原料由辅助化学试剂引入,添加的化学试剂见表 2.2。

表 2.2　主要化学试剂表

组成	相对分子质量	试剂等级	产地与厂家
二氧化硅(SiO_2)	60.08	分析纯	天津市风船化学试剂科技有限公司
氧化铝(Al_2O_3)	101.96	分析纯	天津市华东试剂厂
纯碱(Na_2CO_3)	105.99	分析纯	天津市风船化学试剂科技有限公司
三氧化二铁(Fe_2O_3)	159.69	分析纯	天津市化学试剂三厂
氧化铬(Cr_2O_3)	151.99	分析纯	天津市化学试剂三厂

2.2　实验工艺流程

本实验以山东金尾矿和固阳铁尾矿为主要原料,采用熔融法制备基础玻璃,同时使用传统加热方式和微波加热方式对基础玻璃进行热处理。根据预先设计的配合料各组分的质量比,称取原料,经球磨混料后,置于氧化铝坩埚中,用硅碳棒电阻炉加热到 1 450 ℃且保温 3 h 进行熔融、澄清。然后,一部分玻璃液经水淬、烘干、粉碎后,用 DSC(差示扫描量热法)检测,以确定热处理制度。其余玻璃液浇铸到 40 mm×60 mm×8 mm 事先预热的不锈钢模具上,成型后将样品放入 600 ℃的马弗炉中进行退火处理;退火后,按既定的热处理制度进行核化和晶化处理。尾矿微晶玻璃样品制备的工艺流程如图 2.1 所示。

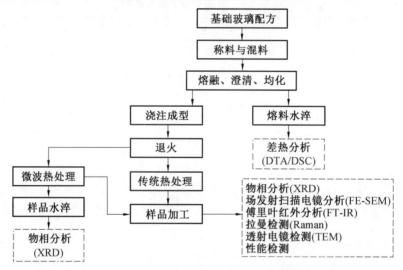

图 2.1　尾矿微晶玻璃样品制备工艺流程图

2.3　实验仪器及设备

实验过程中所需的微波晶化炉是 DLGR－06S 型多模谐振腔微波加热炉(郑州德朗能微波技术有限责任公司),功率 0～6 kW 可调,工作频率为 2 450 MHz,测温系统采用的是 K 级热电偶,直接测量样品温度,测温范围为 0～1 100 ℃,用于对基础玻璃进行核化和晶化,该微波炉加热装置示意图如图2.2 所示。

其他实验仪器、设备及主要用途见表 2.3。

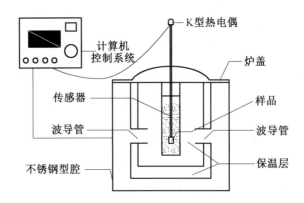

图 2.2 微波炉加热装置示意图

表 2.3 其他实验设备及用途

序号	设备名称	设备型号	设备用途
1	电子天平	YP10001	用于配料、样品称重
2	罐磨机	QGM2(0.5－4L)	用于混料和球磨
3	高温箱式电阻炉	SX16(0－1 600 ℃)	用于玻璃的熔制
4	中温箱式电阻炉	SX13(0－1 300 ℃)	用于样品退火、热处理
5	切割机	SYT－400	用于样品的切割
6	研磨抛光机	UNIPOL－830	用于制备 SEM 样品
7	静水力天平	JA21002J	用于测量样品密度
8	场发射扫描显微镜	Zeiss Supra 55 FESEM	用于观察样品的显微组织形貌
9	X 射线衍射仪	PanalyticalX'pert ProPowder	用于样品的物相检测和半定量分析
10	脆性材料性能测试仪	DZS－Ⅲ,CTC	用于测量样品的抗折强度
11	差热分析仪	德国 NETZSCH STA 449C	用于测样品的形核和晶化温度
12	水浴锅	HH－S265 数显恒温水浴锅	用于样品耐酸(碱)实验的加热
13	赛多利斯天平	Sartorius BSA224S－CW	用于耐酸(碱)样品的精确称重
14	热膨胀系数测定仪	ZRPY－1400	用于样品的热膨胀系数测定
15	能谱仪	Oxford X－max20	用于微区元素分析
16	维氏硬度计	KG/MM2－50A	用于样品的维氏硬度测量
17	动态性能测试仪	CTC(中国)	用于样品的弹性模量、剪切模量、泊松比的测定

续表2.3

序号	设备名称	设备型号	设备用途
18	真空离子溅射仪	JFC－1600	用于样品表面喷镀导电膜
19	超声波清洗器	KQ5200DE	用于清洗样品表面污物
20	红外光谱仪	Bruker Vertex70	用于样品结构测定
21	拉曼光谱仪	AndorShamrock SR－500i－C－R	用于样品的结构测定
22	美国安捷伦网络分析仪＋高温微波测量系统	E5071	用于高温微波介电性能测试

2.4　结构表征与性能测试

2.4.1　差示量热分析

许多物质在加热或冷却过程中会发生融化、凝固、分解、化合、晶型转变、吸附、脱附等物理化学变化。这些变化必将伴随体系焓的改变,因而产生热效应。其表现为该物质与外界环境之间有温度差。选择一种对热稳定的物质作为参比物,将其与样品一起置于可按设定速率升温的电炉中,分别记录参比物的温度以及样品与参比物间的温度差。以温差对温度作图就可以得到一条差热分析曲线,或称差热谱图。

差示扫描量热法(DSC)是在程序控制温度下,测量输给物质和参比物的功率差与温度关系的一种技术。DSC 和 DTA 仪器装置相似,所不同的是 DSC 仪器装置在试样和参比物容器下装有两组补偿加热丝,当试样在加热过程中由于热效应与参比物之间出现温差 ΔT 时,通过差热放大电路和差动热量补偿放大器,使流入补偿电热丝的电流发生变化,当试样吸热时,补偿放大器使试样一边的电流立即增大;反之,当试样放热时则使参比物一边的电流增大,直到两边热量平衡,温差 ΔT 消失为止。换句话说,试样在热反应时发生的热量变化,由于及时输入电功率而得到补偿,所以实际记录的是试样和参比物下面两只电热补偿加热丝的热功率之差随时间 t 的变化关系。如果升温速率恒定,记录的也就是热功率之差随温度 T 的变化关系。

在玻璃中的化学变化或结构变化会伴随着以热的形式吸收或放出能量。差热曲线可以反映玻璃在热处理过程中发生的化学反应及相变过程,可以辅助制定微晶玻璃的热处理制度。大量的研究发现,微晶玻璃的差热曲线大致有以下几种:

①核化峰不明显,晶化放热峰明显,且放热峰面积较大,核化峰和放热峰温度相差较远,如图 2.3(a) 所示。这种玻璃在热处理时不易发生软化变形,结晶程度好,晶粒较细,可采用一步法热处理工艺。②核化峰和晶化峰都很明显,如图 2.3(b) 所示,这是典型的微晶玻璃差热曲线,适宜采用二步法热处理工艺。③晶化放热峰显著,但在其峰前有一个较大的吸热谷,如图 2.3(c) 所示,该峰并非是核化吸热峰,而是制品在热处理过程中发生了软化变形、微观结构重排而吸热造成的。这种制品易变形,结晶能力差,晶化后制品表面不平整。④核化峰和晶化峰明显,但晶化峰宽度过窄,如图 2.3(d) 所示,这说明结晶过程放热量较小,制品结晶能力不是很强,而且对晶化温度变化敏感,往往在实际热处理时得不到结晶良好的制品。

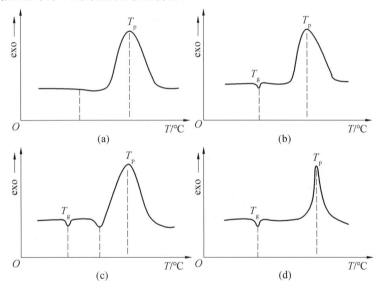

图 2.3　微晶玻璃差热曲线

本实验过程中将水淬后的基础玻璃样品,研磨后过 200 目筛,将制取的样品做 DSC 分析,测试参比物为 $\beta - Al_2O_3$,测试条件中升温速度为 10 ℃/min,采用德国耐驰公司(Netzsch)的 STA449C 型差示扫描量热仪对其进行差热分析,测定玻璃在升温过程中的热效应。根据差热曲线确定玻璃的转变温度(T_g)、析晶峰温度(T_p),从而初步确定热处理制度。以不同的升温速率(5 K/min,10 K/min,15 K/min,20 K/min)测定玻璃粉末的差热曲线,计算玻璃析晶的动力学参数。

2.4.2　物相分析

任何结晶物质都有其特定的化学组成和结构参数(包括点阵类型、晶胞大小、晶胞中质点的数目及坐标等)。当 X 射线通过晶体时,产生特定的衍射图形,对应一系列特定的面间距 d 和相对强度 I/I_0 值。其中 d 与晶胞形状及大小有关,I/I_0 与质点的种类及位置有关。所以,任何一种结晶物质的衍射数据 d 和 I/I_0 是其晶体结构的必然反映。X 射线晶体照射到晶体所产生的衍射具有一定的特征,可用衍射线的方向及强度表征,根据衍射特征来鉴定晶体物相的方法称为物相分析法。

1913 年英国物理学家布拉格父子(W.H.Bragg,W.L.Bragg)提出了作为晶体衍射基础的著名公式 —— 布拉格方程,即假定晶体中某一方向上的原子面网之间的距离为 d,波长为 λ 的 X 射线以夹角 θ 射入晶体,如图 2.4 所示。在同一原子面网上,入射线与散射线所经过的光程相等,在相邻的两个原子面网上散射出来的 X 射线有光程差,只有当光程差等于入射波长的整数倍时,才能产生被加强了的衍射线,其表达式为

$$2d\sin\theta = n\lambda \tag{2.1}$$

式中,d 为晶面间距;θ 为入射束与反射面的夹角;n 为衍射级数;λ 为 X 射线的波长。

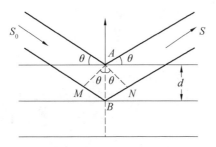

图 2.4　布拉格衍射示意图

材料性能不是简单地由其元素或离子团的成分所决定的,而是由这些成分所组成的物相、各物相的相对含量、晶体结构、结构缺陷及分布情况等因素所决定的。为了研究材料的相组成、相结构、相变及结构对性能的影响,确定最佳的配方与生产工艺,必须进行物相分析。晶体的 X 射线衍射图像实质上是晶体微观结构的一种精细复杂的变换,每种晶体的结构与其 X 射线衍射图之间都有着一一对应的关系,其特征 X 射线衍射图谱不会因为各种物质混聚在一起而产生变化,这就是 X 射线衍射物相分析方法的依据。

各种已知物相衍射花样的规范化工作于 1938 年由哈那瓦特(J.D. Hanawalt)开创。他的主要工作是将物相的衍射花样特征(位置与强度)用 d(晶面间距)和 I(衍射线相对强度)数据组来表达并制成相应的物相衍射数据卡片。卡片最初由美国材料试验学会(ASTM)出版,称为 ASTM 卡片。

1969 年成立了国际性组织 —— 粉末衍射标准联合会（JCPDS），由其负责编辑出版"粉末衍射卡片"，称为 PDF 卡片。将待分析物质的衍射花样与之对照，从而确定物质的组成相，就成为物相定性分析的基本方法。

　　本实验过程中将微晶玻璃试样研磨成粉末，颗粒直径小于或等于 45 μm，进行 X 射线衍射分析，所用仪器为 X'pert Pro Panalytical Powder 系列 X 射线衍射仪，工作电压为 40 kV，工作电流为 40 mA，阳极靶材为 Cu 靶，扫描步长为 0.026°，每步扫描时间为 0.05 s，扫描角速度为 0.2(°)/s，2θ 扫描角度范围为 10°～80°。

2.4.3　扫描电镜分析

　　扫描电子显微镜（Scanning Electron Microscopy，SEM）用细聚焦的电子束轰击样品表面，通过电子与样品相互作用产生的二次电子、背散射电子等对样品表面或断口形貌进行观察和分析。入射电子进入样品浅层表面，尚未横向扩展开来，俄歇电子和二次电子在与入射电子束斑直径相当的圆柱内被激发出来，束斑直径就是一个成像检测单元（像点）大小。由于二次电子的产额远高于俄歇电子，且俄歇电子需要超高真空进行探测分析，所以，二次电子的分辨率相当于束斑直径，一般都以二次电子为 SEM 的分析成像信号。电子束与样品表面相互作用示意图如图 2.5 所示。电子枪在电压的作用下射出电子，以交叉斑作为电子源，经二级聚光镜和物镜的缩小后形成具有一定能量和束流强度的细微电子束，并在扫描线圈的驱动下，按一定空间、时间顺序在试样表面做栅网式扫描。

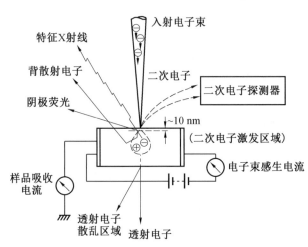

图 2.5　电子束与样品表面相互作用示意图

本实验检测方法为:将样品切割成规格为 3 mm×4 mm×6 mm 的小长方体,找一个无缺陷(如气孔等)的平整表面,经过砂纸粗磨、金相研磨机下抛光等,用超声波清洗器除去表面的污渍,烘干后将试样置于质量浓度为 5% 的 HF 酸中腐蚀 75 s,然后用蒸馏水和乙醇冲洗掉被侵蚀表面的残余酸液,烘干。之后,微晶玻璃样品通过真空离子溅射仪进行 Au 金属镀膜处理,在表面蒸镀一层金属导电膜。最后,用 Carl Zeiss SUPRA 55 型场发射扫描电子显微镜对处理好的样品进行观测,得到样品表面微观形貌的图像。

2.4.4　红外光谱分析

分子中的电子总是处在某一种运动状态中,每一种状态都具有一定的能量,属于一定的能级。电子由于受到光、热、电的激发,从一个能级转移到另一个能级,称为跃迁。当电子吸收了外来辐射的能量,就从一个能量较低的能级跃迁到另一个能量较高的能级。由于分子内部运动所牵涉的能级变化比较复杂,分子吸收光谱也就比较复杂。在分子内部除了电子运动状态之外,还有核间的相对运动,即核的振动和分子绕重心的转动。而振动能和转动能,按量子力学计算是不连续的,即具有量子化的性质。所以,一个分子吸收了外来辐射之后,它的能量变化 ΔE 为其振动能变化 ΔE_v、转动能变化 ΔE_r 以及电子运动能量变化 ΔE_e 的总和,即 $\Delta E = \Delta E_v + \Delta E_r + \Delta E_e$。

分子的振动能量比转动能量大,当发生振动能级跃迁时,不可避免地伴随有转动能级的跃迁,所以无法得到纯粹的振动光谱,而只能得到分子的振动 — 转动光谱,这种光谱称为红外吸收光谱。红外吸收光谱是一种分子吸收光谱。红外吸收带的波数位置、波峰的数目以及吸收谱带的强度反映了分子结构上的特点,可以用来鉴定未知物的结构组成或确定其化学基团;而吸收谱带的吸收强度与分子组成或化学基团的含量有关,可用以进行定量分析和纯度鉴定。

当样品受到频率连续变化的红外光照射时,分子吸收某些频率的辐射,并由其振动或转动运动引起偶极矩的净变化,产生分子振动和转动能级从基态到激发态的跃迁,使相应于这些吸收区域的透射光强度减弱。记录红外光的百分透射比与波数或波长关系的曲线,就得到红外光谱。红外光谱法主要用于研究在振动中伴随有偶极矩变化的化合物(没有偶极矩变化的振动在拉曼光谱中出现)。图 2.6 所示为红外光谱干涉仪的基本原理示意图。

本研究使用的光谱仪是由 Bruker 公司生产的 Vectex70 型傅里叶变换红外光谱仪。测试范围为 $400 \sim 4\,000\ cm^{-1}$,波长范围为 $2.5 \sim 25\ \mu m$(中红外振动区),分辨率为 $4\ cm^{-1}$,玻璃粉末(< 300 目)与 KBr 之比为 2:100,扫描次数为 20,用 KBr 压片法制样。

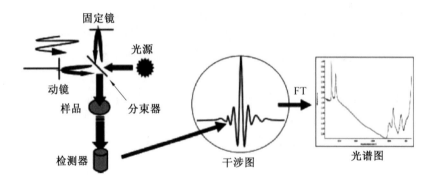

图 2.6　　红外光谱干涉图基本原理示意图

2.4.5　拉曼光谱分析

当一束激发光的光子与作为散射中心的分子发生相互作用时,大部分光子仅是改变了方向,发生散射,而光的频率仍与激发光源一致,这种散射称为瑞利散射。但也存在很微量的光子不仅改变了光的传播方向,而且也改变了光波的频率,这种散射称为拉曼散射,其散射光的强度约占总散射光强度的 10^{-3}。拉曼散射的产生原因是光子与分子之间发生了能量交换,改变了光子的能量。瑞利散射为弹性碰撞,无能量交换,仅改变方向;而拉曼散射为非弹性碰撞,方向发生改变且有能量交换(图 2.7)。一般把瑞利散射和拉曼散射合起来所形成的光谱称为拉曼光谱。

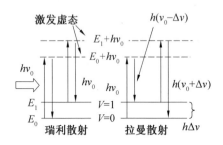

图 2.7　　拉曼和瑞利散射产生示意图

处于受激虚态的分子若是跃迁回到基态 E_0 上(非弹性碰撞),放出能量为 $h(\nu_0 + \nu)$ 或 $(h\nu_0 + \Delta E)$ 的光子,即为反斯托克斯线(Anti-Stokes Line)。跃迁到受激虚态的分子还可以跃迁到电子基态中的振动激发态 E_n 上,这时分子吸收了部分能量 $h\nu(\Delta E)$,并释放出能量为 $h(\nu_0 - \nu)$ 或 $(h\nu_0 - \Delta E)$ 的光子,这就是非弹性碰撞,所产生的散射光为斯托克斯线(Stokes Line)。斯托克斯与反斯托克斯散射光的频率与激发光源频率之差 $\Delta\nu$ 统称为拉曼位移。斯托克斯散射的强度通常要比反斯托克斯散射强度强得多,在拉曼光谱分析中,通常测定斯托克斯散射光线。拉曼位移取决于分子振动能级的变化,不同的化学键或基态有不同的振动方式,决定了其能级间的能量变化,因此,与之对应的拉曼位移是特征的。这是依据拉曼光谱进行分子结构定性分析的理论依据。拉曼位移与物质分子的振动和转动能级有关;不同的物质有不同的振动和转动能级,因而有不同的拉曼位移;对于同一物质,若用不同频率的入射光照射,所产生的拉曼散射光频率也不同,但其拉曼位移却是一确定的值;分子振动引起拉曼线的频率通式为 $\nu+n\Delta\nu$,n 为振动能级($n=1,2,3,\cdots$),$n=1$ 时称为主拉曼线,强度最大;拉曼位移是表征物质分子振动、转动能级特性的一个物理量。拉曼位移就是利用拉曼光谱法进行物质分子结构分析和定性检定的依据;当入射光波长等实验条件固定时,拉曼散射光的强度与物质的浓度成正比,因此可做定量分析。

　　分子是否有拉曼散射活性,则取决于分子振动转动时变形极化的程度是否发生变化,可用分子极化度进行表征。极化度(Polarizability)是指分子在光波交变电场的作用下,分子改变其电子云分布的难易。只有分子极化度发生变化振动才能与入射光的电场 E 相互作用,产生诱导偶极矩 P。不是所有的分子结构都具有拉曼活性。分子振动是否出现拉曼活性主要取决于分子在运动过程中某一固定方向上的极化率的变化。对于分子振动和转动来说,拉曼活性都是根据极化率是否改变来判断的。对于全对称振动模式的分子,在激发光子的作用下,肯定会发生分子极化,产生拉曼活性,而且活性很强;而对于离子键的化合物,由于没有分子变形发生,不能产生拉曼活性。分子拉曼活性与诱导偶极矩 P 有关,P 越大,拉曼谱线越强。

　　拉曼光谱仪主要由激光光源、样品室、双单色仪、检测器及计算机控制和数据采集系统组成。图 2.8 所示为本实验所用激光拉曼光谱仪的工作原理图。

　　本研究过程将样品切割成小长方体,在一个无明显缺陷(如气孔等)的平整表面上进行拉曼分析,所用仪器为英国 ANDOR 公司的 Andor Shamrock SR−500i−C−R 型拉曼光谱仪并配以 Andor iDus. 系列的 CCD(Charge Coupled Device)和瑞典 Cobolt ZoukTM 20 波长为 532 nm 的激光。实验测试过程中,采用 532 nm 的激光波长,1 200 lines/mm 的光栅,曝光时间为 1 s,累计次数为 3 次,循环时间为 10 s,扫描波数范围为 $100\sim1\,500\ \mathrm{cm}^{-1}$。

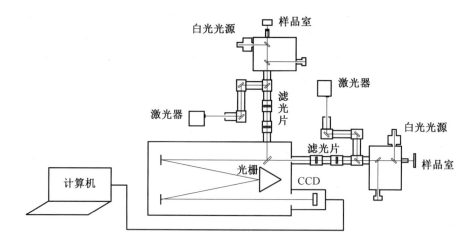

图 2.8　　拉曼光谱仪的工作原理图

2.4.6　Raman 与 FTIR 的比较

分子中的原子以平衡点为中心,以非常小的振幅(与原子核之间的距离相比)做周期性的振动,可近似地看作简谐振动。这种分子振动的模型,以经典力学的方法可把两个质量为 m_1 和 m_2 的原子看成钢体小球,连接两原子的化学键设想成无质量的弹簧,弹簧的长度 r 就是分子化学键的长度。由经典力学可导出该体系的基本振动频率计算公式:

$$\Delta E = h\nu = \frac{h}{2\pi}\sqrt{\frac{k}{\mu}} \text{ 或 } \bar{\nu} = \frac{1}{2\pi c}\sqrt{\frac{k}{\mu}} = 1\ 307\sqrt{\frac{k}{\mu}} \tag{2.2}$$

式中,k 为化学键的力常数(达因),与键能和键长有关;μ 为双原子的折合质量,$\mu = m_1 m_2/(m_1 + m_2)$。发生振动能级跃迁所需要能量的大小取决于键两端原子的折合质量和键的力常数,即取决于分子的结构特征。

多原子分子振动由于原子数目增多,组成分子的键或基团和空间结构不同,其振动光谱比双原子分子要复杂。但是可以把它们的振动分解成许多简单的基本振动,即简正振动。

简正振动的振动状态是分子质心保持不变,整体不转动,每个原子都在其平衡位置附近做简谐振动,其振动频率和相位都相同,即每个原子都在同一瞬间通过其平衡位置,而且同时达到其最大位移值。分子中任何一个复杂振动都可以看成这些简正振动的线性组合。一般将振动形式分成两类:伸缩振动和变形振动。

① 伸缩振动:原子沿键轴方向伸缩,键长发生变化而键角不变的振动称为伸缩振动,用符号 ν 表示。它又可以分为对称伸缩振动(σ_s)和不对称伸缩振动

（σ_{as}）。对同一基团,不对称伸缩振动的频率要稍高于对称伸缩振动。

② 变形振动（又称弯曲振动或变角振动）：基团键角发生周期变化而键长不变的振动称为变形振动,用符号 δ 表示。变形振动又分为面内变形振动和面外变形振动。面内变形振动又分为剪式振动（以 δ 表示）和平面摇摆振动（以 ρ 表示）。面外变形振动又分为非平面摇摆（以 ν 表示）振动和扭曲振动（以 τ 表示）。图 2.9 所示为亚甲基分子的各种振动形式。由于变形振动的力常数比伸缩振动的小,因此,同一基团的变形振动都在其伸缩振动的低频端出现。

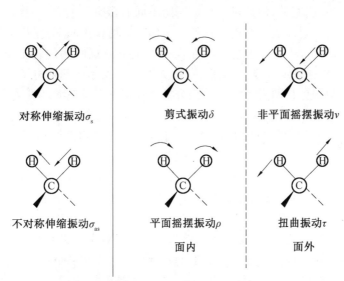

图 2.9　亚甲基分子的各种振动形式

拉曼光谱和红外光谱在产生光谱的机理、实验技术和光谱解释等方面有较大的差别。为了更好地了解拉曼光谱和红外光谱的应用,有必要把二者做简单的比较。

① 拉曼光谱是分子对激发光的散射,而红外光谱则是分子对红外光的吸收,但两者均是研究分子振动的重要手段,同属分子光谱。

② 对于一个给定的化学键,其红外吸收频率与拉曼位移相等,红外吸收波数与拉曼位移均在红外光区,两者都反映分子的结构信息。

③ 一般来说,分子的非对称性振动和极性基团的振动,都会引起分子偶极矩的变化,因而这类振动是红外活性的;而分子对称性振动和非极性基团振动,会使分子变形,极化率随之变化,具有拉曼活性。

④ 拉曼光谱适合同原子的非极性键的振动,如 C—C、S—S、N—N 键等对称性骨架振动,均可从拉曼光谱中获得丰富的信息。而不同原子的极性键,如 C＝O、C—H、N—H 和 O—H 等,在红外光谱上有反映。相反,分子对称骨架

振动在红外光谱上几乎看不到。

可见,拉曼光谱和红外光谱是相互补充的。

2.4.7　透射电子显微镜

透射电子显微镜(Transmission Electron Microscopy,TEM),简称透射电镜,是把经加速和聚集的电子束投射到非常薄(厚度小于 200 nm)的样品上,电子与样品中的原子碰撞而改变方向,从而产生立体角散射。散射角的大小与样品的密度、厚度相关,因此可以形成明暗不同的影像。

当平行入射波受到有周期性特征物体的散射作用时,会在物镜的后焦距上形成衍射谱,衍射波再通过干涉在像平面上形成反映物的特征的像,这就是 TEM 的工作原理 —— 阿贝成像原理,如图 2.10 所示。透射电子显微镜具备组织分析和物相分析两大功能。组织分析是利用电子波遵循阿贝成像原理,可以通过干涉成像的特点,获得各种衬度图像,通常透射电子显微镜的分辨率为 0.1 ~0.2 nm,放大倍数为几万至百万倍,用于观察超微结构,即小于 $0.2~\mu m$、光学显微镜下无法看清的结构,又称"亚显微结构"。

物相分析是利用电子和晶体物质作用可以发生衍射的特点,获得物相的衍射花样;电子衍射斑点与晶体点阵有一定对应关系,但不是晶体某晶面上原子排列的直观影像。这些斑点可以通过另外一个假想的点阵很好地联系起来,即倒易点阵。可以说,电子衍射斑点就是与晶体相对应的倒易点阵中某一截面上阵点排列的像。因为零层倒易面上的各倒易矢量都和晶带轴 $r = [uvw]$ 垂直,故有 $g_{hkl} \cdot r = 0$,即 $hu + kv + lw = 0$(hkl 为晶面指数)。

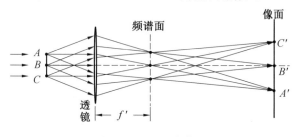

图 2.10　阿贝成像原理

所以只要通过电子衍射实验,测得零层倒易面上任意两个 g_{hkl} 矢量就可求出正空间内晶带指数。由于晶带轴和电子束照射的轴线重合,就可断定晶体的样品盒电子束之间的相对方位。

透射电镜由电子光学系统、真空系统、电源与控制系统三部分组成。其中,电子光学系统是 TEM 的核心,其他两个系统为电子光学系统顺利工作提供支持。

从功能和原理上来讲,电子显微镜和光学显微镜是相同的。其功能都是将细小物体放大至肉眼可以分辨的程度;工作原理也都遵从射线的阿贝成像原理。而不同点在于:光学显微镜采用普通可见光作光源,电子显微镜则用电子束作为射线源,从这点出发,构成了它不同于光学显微镜的一系列特点。由于电子波长很短,其分辨本领高得多。电子波通过物质时遵从布拉格定律,产生衍射现象,借此可以对晶体物质进行结构分析;光学显微镜却只能观察试样表面。为减少运动电子能量损失,电子显微镜整个系统必须处在真空下工作;光学显微镜则没有这个要求。此外电子显微镜成像衬度机理也不同于光学显微镜,电子射线与物质相互作用时提供的信息也要丰富得多,利用这些信息对物质进行研究,使电子显微镜已发展为一种完整的分析系统。

本书中使用荷兰菲利普公司生产的 Tecnai FEI F20 场发射透射电子显微镜观察玻璃以及微晶玻璃的形貌,点分辨率为 0.248 nm,线分辨率为 0.102 nm。

2.4.8　高温变频介电性能测试

本实验所用高温变频检测设备为北京无线电计量测试研究所生产的冶金物料微波介电性能变温测试系统,它是一种变温电磁波能量的测试设备。其基本原理是通过测量谐振腔体加载试样前后的谐振频率和无载品质因数的变化来测定样品的介电参数。该圆柱形谐振腔微扰法／复介电常数测试系统的结构如图 2.11 所示。

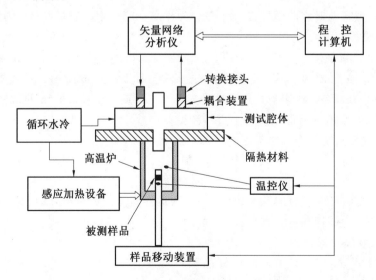

图 2.11　微波介电性能变温测试系统示意图

测试系统包括矢量网络分析仪、转换接头、耦合装置、加热装置、循环水冷装置、样品快速移动装置、测试腔体、软件系统、程控计算机。

微波信号首先由矢量网络分析仪的一个测试端口,经过转换接头送入耦合装置,进入测试腔体中后又经过另一耦合装置与转换接头进入到矢量网络分析仪。通过测量该传输信号,可得到空腔和加载测试样品后的谐振频率和品质因数,经理论分析计算得到被测样品在不同频率下的介电常数和损耗角正切值。

软件系统可完成空腔与加载样品前后的谐振频率和无载品质因数的自动测量,并计算出样品的复介电常数。该软件适用于室温至 1 400 ℃ 条件下材料介电常数的测试。 该方法基于单端口终端短路法理论,采用波导 BJ32 (2.45 ~ 3.95 GHz) 和波导 BJ70(5.8 ~ 8.2 GHz)组建测试系统,实现了该频段温度范围内介电常数和损耗角正切值的测量。

2.4.9　理化性能检测

（1）体积密度

将样品切割成块状,清除表面污物。 根据阿基米德定律测定试样体积,采用电子天平测量其质量。 微晶玻璃体积密度(参照《天然饰面石材试验方法:体积密度、真密度、真气孔率、吸水率试验方法》(GB/T 9966.3—2001)) 计算公式为

$$\rho = \frac{m_1}{m_2 - m_1} \rho_0 \tag{2.3}$$

式中,ρ_0 为室温时水的密度,g/cm^3;m_1 为样品在空气中的质量,g;m_2 为样品在水中的质量,g。

（2）抗折强度

抗折强度测试采用三点弯曲法实验,跨距为 30 mm,加载速度为 0.5 mm/min,将试样切割并打磨抛光成 3 mm × 4 mm × 40 mm 的试样条,在 CSS－88000 电子万能试验机上进行测试。

三点折曲法测定抗弯强度的计算公式为

$$\sigma = \frac{3P \cdot L}{2b \cdot h^2} \tag{2.4}$$

式中,P 为试样断裂时的最大载荷,N;L 为试样支座间的距离,mm;b 为试样宽度,mm;h 为试样高度,mm。

（3）耐酸（碱）性

用粒径为 0.5 ~ 1.0 mm 的样品颗粒料放置于 100 mL 质量分数为 20% NaOH 和 20% H_2SO_4 的锥形瓶中,在水浴锅内加热至 100 ℃,在 100 ℃ 条件下进行 1 h 腐蚀(采用《铸石制品性能试验方法　耐酸、碱性能试验》(JC/T

258—1993))。

　　样品颗粒料的制备方法是破碎,取 20 目筛到 40 目筛上的颗粒作为试样。称取1.000 0 g 试样,精确至 0.000 1 g。置于锥形瓶中,加入酸(碱)溶液(100 ± 0.5) mL,固定冷凝管,放在水浴锅上在 99 ℃ 条件下煮沸 1 h。关闭水浴锅使试样冷却,用蒸馏水将试样洗至中性,将试样在滤纸上过滤,然后把滤纸连同上面的腐蚀样品放入烘干箱中烘干至恒重,并用同一电子天平在相同条件下称重,记录数据。

　　样品对酸、碱腐蚀的抵抗能力用耐酸(碱)度表示,按下式计算:

$$K = \frac{m_1}{m} \tag{2.5}$$

式中,K 为耐酸(碱)性,%;m_1 为试验后试样质量,g;m 为试验前试样质量,g。

　　(4) 硬度

　　维氏硬度(Vickers-hardness)是材料硬度的一种表示方法。维氏硬度测量的压头采用一相对两面夹角为136°的金刚石正四棱锥形压头,在一定载荷 P 的作用下压入样品表面,保压 15 s 后卸去载荷。样品表面上出现一个正方形的压痕,在读数显微镜下测量该正方形两条对角线 d_1 和 d_2 的长度。再按式(2.6)来计算其维氏硬度的大小。本实验采用的维氏硬度计为 KG/MM2－50A 型维氏硬度计。

$$HV = 1.854\ 4\ \frac{P}{d_1 \times d_2} \tag{2.6}$$

第3章 尾矿微晶玻璃配方的确定及传统热处理工艺对其析晶过程的影响

3.1 引 言

基础玻璃成分对玻璃和微晶玻璃材料的结构、性质、功能和成本都有较为重大的影响。因此,设计基础玻璃配方时要充分考虑到两个主要影响因素:一是微晶玻璃内部结构的稳定性,主要是指其化学成分之间互相键合的方式,这将在很大程度上影响微晶玻璃的力学强度、热稳定性等;二是微晶玻璃的晶相种类,它主要是指主晶相。从结晶化学角度来看,不同的基础玻璃配方,决定着微晶玻璃系的归属,即影响着微晶玻璃的主晶相和残余玻璃相两者之间的比例,这在一定程度上决定了材料的性能。例如,要设计热膨胀系数低的微晶玻璃,比较可行的方案是设计 $LiO_2-Al_2O_3-SiO_2$ 系的基础玻璃;又如要得到与生物相容性比较高的微晶玻璃材料,就可以设计磷硅酸盐系的基础玻璃。近年来,随着人们对生态环境越来越重视,基础玻璃设计也应考虑环境因素,应把保护生态环境作为成分设计的立足点。设计配方还要把材料功能、性质、成本与质量有机结合,并应考虑到能耗和资源的可持续利用。

根据固阳铁尾矿和山东金尾矿化学成分特点,确定基础玻璃系为 $CaO-MgO-Al_2O_3-SiO_2$(CMAS)系。一是由于尾矿成分中这四种化合物的含量相对较高,以尾矿制备微晶玻璃比较容易析出辉石相为主的晶体;二是辉石相的机械性能和化学稳定性较好,辉石相是以硅酸盐单链结构进行组网的,比较容易形成交织互锁的晶体结构,与一般石材相比,有更高的强度、耐磨、耐腐蚀性能等特点。

$CaO-MgO-Al_2O_3-SiO_2$(CMAS)系尾矿微晶玻璃的制备主要采取整体析晶法,整体析晶法是比较常用的微晶玻璃制备方法。要获得晶粒细小、分布均匀的微晶玻璃,必须严格控制它的热处理过程,使玻璃在可控制的温度下经过晶核形成、晶核生长,最后转变为微晶玻璃。因此,热处理是微晶玻璃生产过程中的关键技术。不同的热处理工艺必然会引起微晶玻璃内部结构的变化,最终导致微晶玻璃性能的变化,因此,选择合适的热处理制度具有十分重要的意义。

　　本章将主要探索以固阳铁尾矿和山东金尾矿为主要原料，制备以 CaO — MgO — Al$_2$O$_3$ — SiO$_2$ 系为主的尾矿微晶玻璃，确定基础玻璃配方。并研究传统一步法热处理温度及热处理保温时间对其析晶过程的影响，为后续微波热处理尾矿微晶玻璃的研究奠定基础。

3.2　尾矿微晶玻璃基础配方设计

3.2.1　固阳铁尾矿和山东金尾矿的化学组成

　　本实验将山东金尾矿和固阳铁尾矿样品研磨至粒径小于 75 μm 后，进行全元素分析。测得其化学成分见表 2.1，XRD 图谱如图 3.1 和 3.2 所示。由表 2.1 可以看出固阳铁尾矿和山东金尾矿主要包括 SiO$_2$、Al$_2$O$_3$、CaO、MgO 及铁氧化物几种物质，这些成分不仅是构成硅酸盐微晶玻璃的主要成分，还提供了有效的晶核剂。从图 3.1 可以看出固阳铁尾矿中的主要矿物质为含铁透辉石（(Mg$_{0.97}$Fe$_{0.03}$)(Ca$_{0.97}$Mg$_{0.024}$Fe$_{0.006}$)Si$_2$O$_6$)、石英(SiO$_2$)、硅酸钙(Ca$_2$(SiO$_4$))、董青石((Mg$_{1.91}$Fe$_{0.09}$)Al$_4$Si$_5$O$_{18}$) 及钙铁辉石(CaFeSi$_2$O$_6$)。从图 3.2 可以看出山东金尾矿中主要的矿物质为石英(SiO$_2$) 和少量的氧化镁(MgO)、易变辉石

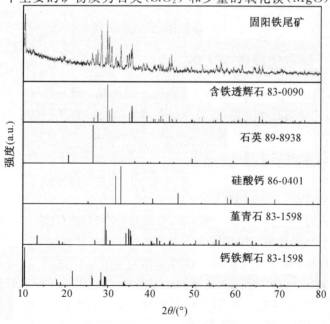

图 3.1　固阳铁尾矿的 XRD 图谱

$(Ca_{0.18}Mg_{1.21}Fe_{0.58}(SiO_3)_2)$、钙长石$(Ca(Al_2Si_2O_8))$,这些矿物质为微晶玻璃主晶相的形成提供了结构基础。因此,利用固阳铁尾矿和山东金尾矿制备尾矿微晶玻璃具有可行性。

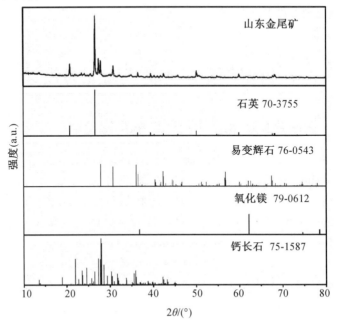

图 3.2　山东金尾矿的 XRD 图谱

3.2.2　尾矿微晶玻璃配方的确定

　　微晶玻璃的研究基础,是基础玻璃配方的选取。只有确定基础玻璃配方,才能制备出良好的基础玻璃,将制得的基础玻璃通过合理的热处理制度,进行核化和晶化。所以在微晶玻璃研究中,确定基础玻璃配方对微晶玻璃的综合性能起举足轻重的作用。基础玻璃组分中的氧化物主要有以下几个:SiO_2、CaO、Al_2O_3、MgO、Na_2O 等。各氧化物在玻璃体的网络结构表现出不同的作用,引入量也对玻璃有较大的影响。

　　玻璃的性质和组成有着依从关系,能够形成微晶玻璃的化学成分组成有一定范围的限制,因此玻璃组成的设计要依据其重要的理论基础。在设计基础玻璃组成时,对基础组分的选择应当注意以下原则:

　　① 具有较好的熔制特性,如熔制温度不能过高,组成中挥发成分不能过多以保持组分的稳定性等。② 具有较好的操作特性,如析晶上限要低于成型温度,基础玻璃在熔化和热处理过程中不分层,在热处理温度以下不失透;而在热处理过程中要易于析晶,析晶过程中变形要小,保证能析出符合要求的晶相

等。③ 对尾矿微晶玻璃,还要求配方有允许波动范围以适应工业生产中废渣成分波动、熔制挥发等因素的影响,以及能够尽可能多地引入尾矿。因此,不同的尾矿成分、成型方法、热处理制度及期望的主晶相等,都对应不同的玻璃成分范围。

微晶玻璃的主晶相在一定程度上决定微晶玻璃的机械强度、耐磨性、热稳定性及其他性能。为使制备的微晶玻璃具有良好的机械性能和化学稳定性,本实验选择透辉石相为主晶相。根据固阳铁尾矿和山东金尾矿的化学成分特点,确定基础玻璃体系为 $CaO-MgO-Al_2O_3-SiO_2$ 系(CAMS)基础配方,用来制备以透辉石相为主晶相的微晶玻璃。基础玻璃配方的设计范围见表3.1。

表 3.1　尾矿微晶玻璃基础玻璃配方(质量分数)　　　　　　　　%

SiO_2	Al_2O_3	Na_2O	CaO	MgO	K_2O	TFe	Cr_2O_3
49.26	8.50	4.57	17.59	6.99	1.81	7.25	0.29

透辉石属于单斜晶系,是辉石中常见的一种,也是硅酸盐矿物中常见的晶相之一,是钙、镁、铝、硅的硅酸盐,晶体之间以单链状的方式结合,莫氏硬度在 $5.5\sim6.0$ 之间,晶格常数 $a=0.974\ 6\sim0.984\ 5$ nm,$b=0.889\ 9\sim0.902\ 4$ nm,$c=0.524\ 5\sim0.525\ 1$ nm,晶面夹角 $\beta=104°44'\sim105°38'$,其晶体原子结构图如图3.3所示。透辉石为主晶相的材料具有特殊的功能和广泛的应用前景。在升温过程中,透辉石没有晶型转变,无烧失,热膨胀性能、耐磨性和化学稳定性好,能够降低烧成温度和减小胚体收缩,常应用于电瓷、建筑陶瓷和日用陶瓷等工业。因此设计透辉石为主晶相,理论上能够得到性能相对优良的微晶玻璃制品。

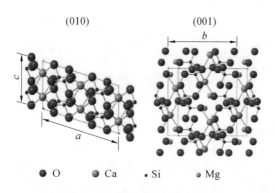

图 3.3　透辉石晶体结构示意图

根据CMS系微晶玻璃三元相图(图3.4)及相关文献,选择接近共熔点或相界点的化学成分为基础玻璃成分的组成。本书除山东金尾矿和固阳铁尾矿外,其余组成用化学纯引入,其中包含质量分数为57.4%的固阳铁尾矿,质量分数为19.3%的山东金尾矿,质量分数为11.8%的SiO_2,质量分数为4.2%的CaO,质量分数为1.3%的MgO,质量分数为2.9%的Al_2O_3和质量分数为2.8%的Na_2CO_3,并且在原料中适量添加质量分数为0.3%的Cr_2O_3作为基础玻璃形核剂,如图3.4所示的成分点$CaO \cdot MgO_2SiO_2$,以此获得CMAS系微晶玻璃的基础玻璃化学成分。

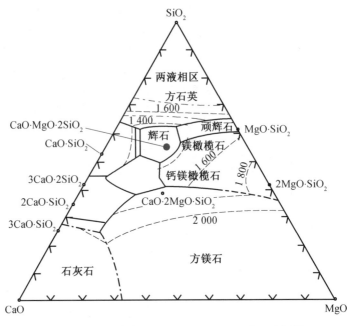

图 3.4　微晶玻璃 $CaO-MgO-SiO_2$ 系三元相图

3.3　微晶玻璃的制备过程

3.3.1　基础玻璃的制备

基础玻璃熔制是将配料经高温加热熔融成合乎要求玻璃液的过程,是微晶玻璃生产最重要的环节之一。一般认为玻璃熔融可分为硅酸盐形成、玻璃液形成、澄清、均化和冷却五个阶段。要求熔制出来的基础玻璃致密、无气泡,镜面效果良好,而且为保证后续阶段不出现晶化不均匀现象,要求基础玻璃均匀良好,且不发生析晶。

具体实验步骤如下:

① 原料配比与混料:将山东金尾矿和固阳铁尾矿事先用粉碎机磨成粉体过筛,控制颗粒尺寸在 75 μm 以下。将处理后的尾矿和分析纯试剂按不同的质量比进行配料,放入球磨机进行混料,致其充分接触、混合。

② 配料熔制:混合均匀的配料经球磨混料后,置于氧化铝坩埚中,用硅碳棒高温电阻炉按照图 3.5 所示的熔制升温制度加热到 1 450 ℃,保温 3 h 进行熔融、澄清,最终形成均匀、无气泡、符合要求的玻璃液。

③ 浇料及水淬:将符合成型要求的玻璃液一部分进行水淬、烘干、粉碎后,用于 DSC 测试,根据 DSC 曲线确定热处理温度制度。剩余玻璃液浇铸到事先预热的不锈钢模具(尺寸:40 mm × 60 mm × 8 mm)上,由此获得基础玻璃。

④ 退火:将浇注成型的基础玻璃样品放入 600 ℃ 的马弗炉中进行退火处理,时间为 4 h,其目的是消除基础玻璃内部的残余应力,最后随炉冷却到室温。

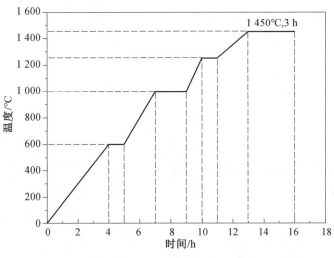

图 3.5　基础玻璃熔制升温制度

3.3.2　微晶玻璃的制备

对基础玻璃水淬样进行差热分析,根据差热分析结果确定热处理制度。根据确定的热处理制度对样品进行热处理,得到微晶玻璃样品。研究表明,微晶玻璃的性能主要取决于微晶相的种类、晶粒尺寸和数量、残余玻璃相的性质和数量。在基础玻璃配方一定的前提下,微晶玻璃的显微结构等因素主要取决于热处理制度。热处理时,玻璃中先后发生分相、晶核形成、晶体生长等过程。对于不同种类的微晶玻璃,上述过程进行的方式也不同,故各种微晶玻璃都有自己特殊的热处理温度制度。

从图 3.6 中可以看到,曲线有一个明显的晶化放热峰,晶化峰值温度 T_p 为 885 ℃,放热峰面积较大,玻璃转变温度 T_g 并不是很明显。由以上分析可知,这种放热峰明锐陡峭的玻璃,在热处理时不易发生软化变形,结晶程度好,晶粒较细,析晶较为容易,可以采用一步法进行热处理。

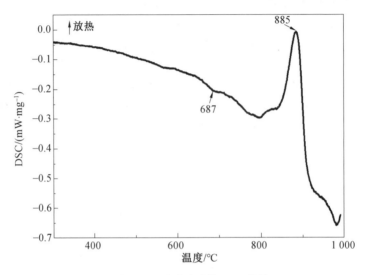

图 3.6   基础玻璃的 DSC 曲线

一步法热处理的理论依据如图 3.7(a) 所示,随着温度的增加,依次出现核化速率峰值和晶体生长速率峰值,二者的最佳形成速率峰值点各自独立,但在热处理温度为 T_{NG} 的这一阶段,晶体长大速率与形核速率曲线有大量的重叠。因此,可以在单一的热处理温度 T_{NG} 下同时进行形核与晶体的长大,如图 3.7(b) 所示。

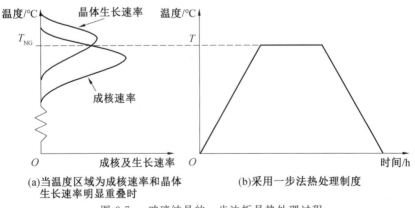

(a)当温度区域为成核速率和晶体
生长速率明显重叠时

(b)采用一步法热处理制度

图 3.7   玻璃结晶的一步法析晶热处理过程

根据 DSC 分析结果,为研究不同温度对尾矿微晶玻璃组织结构和性能的影响,以及微晶玻璃晶体生长的完整过程,确定传统热处理方法制备微晶玻璃样品的工艺参数见表 3.2。

表 3.2　采用传统热处理方法制备微晶玻璃样品的工艺参数表

样品编号	晶化温度与保温时间	热处理方式
C1	670 ℃,2 h	常规加热
C2	720 ℃,2 h	常规加热
C3	770 ℃,2 h	常规加热
C4	820 ℃,2 h	常规加热
C5	870 ℃,2 h	常规加热
C30D	720 ℃,30 min	常规加热
C1HD	720 ℃,1 h	常规加热
C1.5HD	720 ℃,1.5 h	常规加热
C2HD	720 ℃,2 h	常规加热
C0G	820 ℃,0 min	常规加热
C15G	820 ℃,15 min	常规加热
C30G	820 ℃,30 min	常规加热
C45G	820 ℃,45 min	常规加热
C1T	720 ℃,20 min	常规加热
C2T	770 ℃,20 min	常规加热
C3T	820 ℃,20 min	常规加热
C4T	870 ℃,20 min	常规加热

3.4　传统热处理温度对尾矿微晶玻璃析晶过程的影响

3.4.1　传统热处理不同温度制备的尾矿微晶玻璃的析晶类型分析

按照配方采用熔融法制备基础玻璃,以不同的热处理制度对其进行析晶热处理,得到微晶玻璃样品并分别进行 XRD 实验,对热处理过程中析出的晶体类型和比例进行定性和半定量分析,图 3.8 和图 3.9 所示为不同热处理温度下制得的微晶玻璃样品的 XRD 图谱。

图3.8左为不同温度下保温2 h制备的五组热处理样品进行XRD物相分析的图谱。由图3.8可知,当热处理制度为670 ℃/2 h[①]时,样品C1中只有代表玻璃相特征的"馒头"状衍射峰出现,表明此时样品未析晶,仍然是无定形玻璃相;当热处理温度提高至 720 ℃/2 h 时,样品 C2 开始析出透辉石晶体 $(Mg_{0.6}Fe_{0.2}Al_{0.2})Ca(Si_{1.5}Al_{0.5})O_6$(标准卡片号为 72-1379);随着热处理温度的进一步升高,样品 C3 ~ C5 的主晶相没有明显的变化,均为透辉石相。

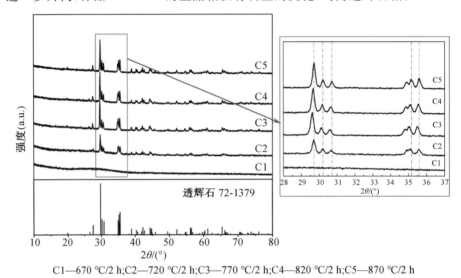

C1—670 ℃/2 h;C2—720 ℃/2 h;C3—770 ℃/2 h;C4—820 ℃/2 h;C5—870 ℃/2 h

图 3.8   传统热处理不同温度下保温 2 h 制备微晶玻璃的 XRD 图谱

图 3.8 右为五组样品 2θ 为 $28° \sim 37°$ 的放大图,通过对比各个样品 XRD 主衍射峰的积分强度,发现主晶相的衍射峰强度随着热处理温度的增加而略有增强。主晶相衍射峰强度的增强表明,主晶相在微晶玻璃中的比例增大,含量增多。然后对比各个最强 XRD 衍射峰的 2θ 衍射角,发现随着热处理温度的增加,最强衍射峰值位置发生了微小的先左移后右移。依据布拉格衍射公式 $2d\sin\theta = \lambda$ 可知,入射 X 射线波长是定值,当 2θ 变小时与之相对应的是晶面间距的变大;反之,当 2θ 变大时与之相对应的是晶面间距的变小。辉石相单斜晶系的晶面间距与晶面指数的关系式为

$$\frac{1}{d^2} = \frac{h^2}{a^2\sin^2\beta} + \frac{k^2}{b^2} + \frac{l^2}{c^2\sin^2\beta} - \frac{2lh\cos\beta}{ac\sin^2\beta} \tag{3.1}$$

致使晶胞参数变化的原因大致有两种:一是产生新的晶胞参数较小的晶相,而且要满足新生成晶相的晶胞参数与主晶相的晶胞参数相差不太大,但从

---

① a ℃/b h 表示热处理制度为 a ℃ 温度下保温 b h,后文同理。

XRD 标定来看,并没有发现次晶相或第二相,所以暂时排除了这种可能;二是母玻璃中半径不同的离子相互取代所致。为了分析离子替代的具体情况,将配方中涉及的离子半径列举在表 3.3 中。根据主晶相透辉石相的分子式 $(Mg_{0.6}Fe_{0.2}Al_{0.2})Ca(Si_{1.5}Al_{0.5})O_6$ 计算得到,导致晶格常数增大可能的原因是半径较大的 Al^{3+} 取代了半径较小的 Si^{4+};反之可能是 Fe^{3+} 或 Al^{3+} 取代 Mg^{2+} 导致晶格常数变小。离子半径表见表 3.3。

表 3.3　离子半径表

离子	半径(Å)	价态	场强(Z/r)	配位数
Si^{4+}	0.40	4	10	4
Al^{3+}	0.54	3	5.56	4
Ca^{2+}	1.06	2	1.89	8
Mg^{2+}	0.72	2	2.78	6
Fe^{2+}	0.74	2	2.7	6
Fe^{3+}	0.64	3	4.7	4
Cr^{3+}	0.69	3	4.35	6

注:1 Å = 0.1 nm。

图 3.9 左所示为对不同温度条件下保温 20 min 制备的四组热处理样品进行 XRD 物相分析的图谱。从图中可以看出,当热处理制度为 720 ℃/20 min 时,样品 C1T 中只有代表玻璃相特征的“馒头”状衍射峰出现,表明此时样品未析晶,仍然是无定形玻璃相;当热处理温度提高至 770 ℃ 时,样品 C2T 中析出透辉石晶体 $(Mg_{0.6}Fe_{0.2}Al_{0.2})Ca(Si_{1.5}Al_{0.5})O_6$(标准卡片号为 72-1379);随着热处理温度的进一步升高,样品 C3T 和 C4T 的主晶相没有明显的变化,均为透辉石相。图 3.9 右所示为四组样品 2θ 为 $28°\sim37°$ 的放大图,通过对比各个样品 XRD 主衍射峰的积分强度,发现主晶相的衍射峰强度随着热处理温度的增加而略有增强。然后对比各个最强 XRD 衍射峰的 2θ 衍射角,发现随着热处理温度的升高,最强衍射峰值位置发生了微小的右移,使晶面间距变小,晶胞参数常数变小,这可能是母玻璃中半径小的离子替换了晶体中离子半径较大的离子所致。

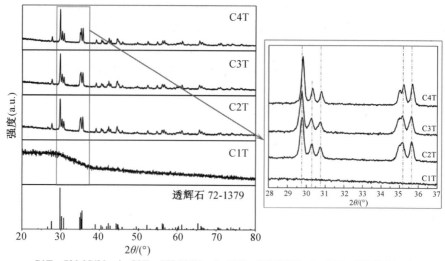

C1T—720 ℃/20 min;C2T—770 ℃/20 min;C3T—820 ℃/20 min;C4T—870 ℃/20 min

图 3.9　传统热处理不同温度条件下保温 20 min 制备的微晶玻璃的 XRD 图谱

3.4.2　传统热处理不同温度制备的尾矿微晶玻璃的显微形貌分析

图 3.10(a) 所示为传统热处理不同温度下各样品的外观形貌。从颜色变化来看,C1 样品的表面呈现黑色,与退火玻璃颜色一致,说明 C1 样品未析晶,随后样品的颜色变为暗绿色,并逐渐呈现出辉石相应有的棕绿色,最后的 C5 样品呈现出较为明亮的棕绿色。除 C1 样品未析晶以外,其他四组样品都为整体析晶,表面致密,无明显可见气孔。从图 3.10(b) 可以看出,C1 样品的 SEM 图片无明显的晶界与相界,即无或很少有晶粒析出,说明主要成分为玻璃相;C2 ～ C5 样品的 SEM 图片均可以看出明显的大小不一的晶体析出,这与之前 XRD 的分析结果一致。当热处理制度为 720 ℃/2 h 时,如图 3.10(c) 所示,由于温度相对较低,保温时间较长,该系微晶玻璃在这一温度下生长成较为粗大的枝状晶透辉石相,且该枝状晶结构疏松,从图中还可看到枝状晶体间的孔洞,以及被氢氟酸腐蚀掉残留玻璃相的痕迹,表明样品存在含量较高的玻璃相,且玻璃相呈现连续的网络状,晶体均匀地分布其中。随着热处理温度提高到 770 ℃ 和820 ℃,如图 3.10(d) 和(e) 所示,该系微晶玻璃在此温度下生长时依然呈现枝状晶,但是该枝状晶结构较 720 ℃ 时较致密,孔洞也较少,致密程度也增加。当热处理温度达到 870 ℃ 时,如图 3.10(f) 所示,该系透辉石生长为小棒状晶,且致密程度更高,孔洞更少。从图 3.10 中可知,微晶玻璃晶体的显微结构受一步法热处理温度的影响有较大改变,而晶体的显微结构直接决定微晶玻璃的理化性能。微晶玻璃晶体生长的最终显微结构受晶体形核速率和晶体长大速率的影响,由图3.7所示的一步法热处理析晶理论可知,不同温度下析晶处理时,晶

体具有不同的形核速率和长大速率,所以最终导致晶体显微形貌不同。

(a)样品的实物图　　　　　　　(b)C1—670 ℃/2 h

(c) C2—720 ℃/2 h　　　　　　(d) C3—770 ℃/2 h

(e)C4—820 ℃/2 h　　　　　　(f)C5—870 ℃/2 h

图 3.10　传统热处理保温 2 h、不同温度制备的微晶玻璃 SEM 照片

由图 3.11(a)可以看出,当热处理制度为 720 ℃/20 min 时,样品 C1T 中产生分相,在氧化物熔体中的液相分离是由阳离子对氧离子的争夺所引起。在硅酸盐熔体中,硅离子以硅氧四面体形式,把桥氧离子吸引到自己周围,而网络外体(或中间体)阳离子力图将非桥氧离子吸引到自己周围,按其自身结构要求进行排列。因网络外体(或中间体)与硅氧网络结构上的差别,则场强较大、含量较多的网络外离子由于系统自由能较大而不能形成稳定均匀的玻璃,而从硅氧网络中分离出来,使玻璃产生分相。随着温度的升高,该系微晶玻璃的透辉石晶体生长呈现 C2T、C3T 和 C4T 的枝状晶,如图 3.11(b)(c)(d)所示,当热处理温度为 770 ℃(C2T)、820 ℃(C3T)和 870 ℃(C4T)时,透辉石晶体尺寸明显逐渐长大,孔洞逐渐减少,致密程度增加。

综上所述,透辉石晶体形貌不仅受热处理温度的影响,也受保温时间的影响。本书在后续研究过程中探讨了保温时间对该系微晶玻璃显微结构的影响。

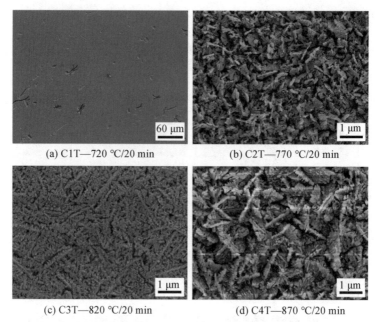

(a) C1T—720 ℃/20 min   (b) C2T—770 ℃/20 min

(c) C3T—820 ℃/20 min   (d) C4T—870 ℃/20 min

图 3.11   传统热处理保温 20 min、不同温度制备的微晶玻璃 SEM 照片

3.4.3   传统热处理不同温度制备的尾矿微晶玻璃的红外光谱分析

图 3.12 所示为传统热处理方法中,在不同温度下保温 2 h 制备的微晶玻璃样品晶化热处理后的傅里叶红外光谱。众所周知,红外吸收带的波数位置、波峰的数目及吸收谱带的强度反映了分子结构上的特点。其中,峰位与化学键的力常数有关,化学键的力常数 k 越大,原子折合质量越小,键的振动频率越大,吸收峰将出现在高波数区;反之,出现在低波数区。峰数与分子自由度有关,瞬间偶极矩变化越大,吸收峰越强;无瞬间偶极矩变化时,无红外吸收。峰强与能级跃迁有关,能级跃迁的几率越大,吸收峰也越强。

从图 3.12 中可以看出,传统热处理不同温度制备的微晶玻璃的特征吸收带主要由三部分组成:第一部分在 $850 \sim 1\ 100\ \text{cm}^{-1}$ 波数范围内且吸收带强度大,其中 $1\ 051\ \text{cm}^{-1}$ 处的吸收峰是由 Si－O－Si 非对称伸缩振动引起的;$963\ \text{cm}^{-1}$ 处的吸收峰由 O－Si－O 非对称伸缩振动引起;$866\ \text{cm}^{-1}$ 处的吸收峰为 O－Si－O 的对称伸缩振动引起。第二部分在 $600 \sim 700\ \text{cm}^{-1}$ 波数范围内,此区吸收带为透辉石以链状结构存在的特征吸收峰,在此区中吸收带的数目取决于结构中的 Si－O 链类型数,其中 $605\ \text{cm}^{-1}$ 和 $632\ \text{cm}^{-1}$ 处的吸收峰由 Si－O－Si 对称伸缩振动引起。第三部分在 $458\ \text{cm}^{-1}$ 处的吸收峰由 M－O 伸缩振动引起,其中 M 代表不同的阳离子。

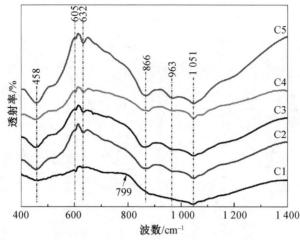

C1—670 ℃/2 h;C2—720 ℃/2 h;C3—770 ℃/2 h;C4—820 ℃/2 h;C5—870 ℃/2 h

图 3.12　传统热处理保温 2 h、不同温度制备的微晶玻璃红外光谱图

图 3.13 所示为传统热处理方法中,在不同温度下保温 20 min 制备的微晶玻璃样品晶化热处理后的傅里叶红外光谱。从图 3.12 和 3.13 中还可以看出,当热处理制度为 670 ℃/2 h(C1) 和 720 ℃/20 min(C1T) 时,样品的红外光谱图形十分相似,且样品特征吸收峰数量较少,只有 1 051 cm^{-1} 和 458 cm^{-1}。由前面的 XRD 结果可知,C1 和 C1T 样品未析晶,主晶相为无定型的玻璃相,而玻璃相较透辉石相的偶极矩变化较小,自由度数量较小。随着热处理温度升高到 720 ℃(C2) 和 770 ℃(C2T),微晶玻璃样品中逐渐析出透辉石晶体,表明透辉石 605 cm^{-1} 和 632 cm^{-1} 处的特征吸收峰强度逐渐增强。综合以上分析可知,玻璃相较透辉石晶相的偶极矩变化较小,自由度数量较小。且随着热处理温度的升高,微晶玻璃样品中基团振动吸收峰数目增多,强度增加,说明透灰石晶体的析出量逐渐增加,且透辉石晶体结构有序程度、紧密程度及析晶的完整程度增加。尾矿微晶玻璃红外谱带归属表见表 3.4。

表 3.4　尾矿微晶玻璃红外谱带归属表

红外谱带 /cm^{-1}	谱带归属
458	M－O 伸缩
605	Si－O－Si 对称伸缩
632	Si－O－Si 对称伸缩
866	O－Si－O 对称伸缩
963	O－Si－O 反对称伸缩
1 010	Si－O 伸缩
1 051	Si－O－Si 反对称伸缩

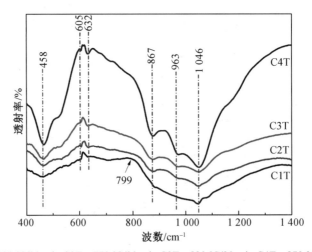

C1T—720 ℃/20 min;C2T—770 ℃/20 min;C3T—820 ℃/20 min;C4T—870 ℃/20 min

图 3.13　传统热处理保温 20 min、不同温度制备的微晶玻璃红外光谱图

3.4.4　传统热处理不同温度制备的尾矿微晶玻璃的拉曼光谱分析

辉石的结构为单链硅酸盐,其中的 SiO_4 四面体以共两个角顶的方式扭折沿 c 轴延伸,沿 a 轴方向堆垛。SiO_4 四面体硅氧骨干及沿 c 轴方向的结构如图 3.14 所示。在辉石硅氧四面体中,有两种氧,即桥氧和非桥氧。桥氧由两个硅配位,与其他阳离子之间的键很弱,而非桥氧会连接更多的阳离子,故而 $Si-O^0$ 和 $Si-O^-$ 的力学常数不同;桥式氧的硅氧键要大于非桥式氧的键长,所以桥式氧的伸缩振动模式低于非桥氧的伸缩振动模式。有文献报道:辉石的拉曼光谱在 $800 \sim 1\,100\ cm^{-1}$ 波数范围内为不同硅氧四面体(Q^n)的拉曼谱带,$1\,050 \sim 1\,100\ cm^{-1}$,$950 \sim 1\,000\ cm^{-1}$,$900\ cm^{-1}$ 和 $850\ cm^{-1}$ 分别是具有一个非桥氧的硅氧四面体(Q^3)的 $Si-O$ 伸缩振动的拉曼峰、具有两个非桥氧键硅氧四面体 $SiO_4(Q^2)$ 的 $Si-O$ 伸缩振动的拉曼峰、具有三个非桥氧键硅氧四面体 $SiO_4(Q^1)Si-O$ 伸缩振动的拉曼峰和具有四个非桥氧键硅氧四面体 $SiO_4(Q^0)Si-O$ 伸缩振动的拉曼峰。在 $550 \sim 750\ cm^{-1}$ 之间出现 $Si-O-Si$ 弯曲谱带,以及在畸变的八面体中,由 $Si-O-Si$ 键合的畸变所形成的新型谱带也处于此范围之内(谱带的位置取决于键角)。SiO_4 的弯曲振动带集中在 $300 \sim 650\ cm^{-1}$ 之间。而 $M-O$ 谱带则集中在 $200 \sim 450\ cm^{-1}$ 之间,其中 M 代表不同的阳离子。

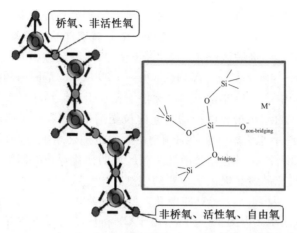

图 3.14　辉石的 SiO_4 四面体硅氧骨干结构示意图

Huang 等人曾报道当 SiO_4 四面体在辉石中聚合成链时,由图 3.15 所示的辉石结构可看出,在 M_1(非桥氧与非桥氧相对的位置)位,各辉石族都被较小的阳离子 Mg^{2+} 和 Fe^{2+} 等占据,呈六配位的八面体,并以共棱的方式联结成平行 c 轴延伸的八面体折状链;在 M_2(桥氧与桥氧相对的位置)位,在单斜辉石中被 Ca 和 Na 等占据,同样为八面体配位。为了与配位八面体链相协调,辉石的单链需不同程度扭折,有两种转动方式,一种称为 O 旋转,一种称为 S 旋转,直链时,其 $\angle O_3 - O_3 - O_3$ 为 $180°$。O 旋转时,链角 $\angle O_3 - O_3 - O_3$ 小于 $180°$,理想情况下为 $120°$;而 S 旋转时,链角 $\angle O_3 - O_3 - O_3$ 大于 $180°$,理想情况下为 $240°$。由于 2 种链角与旋转方向略有差别,故对拉曼峰值也造成一定的影响。

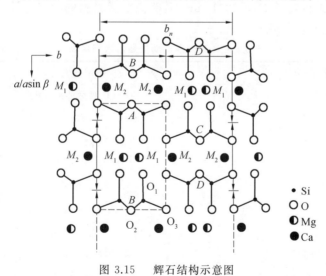

图 3.15　辉石结构示意图

  图 3.16 和图 3.17 所示分别为本书所研究尾矿微晶玻璃采用传统热处理在不同温度条件下保温 2 h 和 20 min 制备的微晶玻璃样品的拉曼光谱图,其振动光谱分为三个区域:高频区($800 \sim 1\ 200\ cm^{-1}$)、中频区域($400 \sim 800\ cm^{-1}$)及低频区域($200 \sim 400\ cm^{-1}$)。高频区 $800 \sim 1\ 200\ cm^{-1}$ 范围内的拉曼谱峰由硅氧四面体 SiO_4 中 Si—O 非桥氧的对称伸缩振动引起。由于玻璃网络中不同硅氧四面体(Q^n)的结构单元的振动引起的拉曼谱带,随着硅氧四面体中桥氧数 n 值的增大,Q^n 中非桥氧对称伸缩振动的频率也随之增大,这些结构单元的振动既具有红外活性,又具有拉曼活性。该区域的变化对玻璃网络中结构的改变非常敏感,为研究硅酸盐提供了重要的信息。中频区 $400 \sim 800\ cm^{-1}$ 的振动归属于 Si—O—Si 及 Si—O—Al 的振动。低频区 $200 \sim 400\ cm^{-1}$ 的振动归属于金属氧化物的振动。由图 3.17 可知,由于 C1 和 C1T 样品的主晶相为无定型的玻璃相,样品的特征谱带较少,在 $800 \sim 1\ 100\ cm^{-1}$ 范围内是一个较宽的包络线,其反映了玻璃体的长程无序结构。随着热处理温度升高至 820 ℃,各样品的拉曼光谱呈现典型的辉石相拉曼特征峰位移。该系透辉石拉曼光谱的主要谱带(cm^{-1})为 999、957、761、691、658、528、381、324、261。其中,999 cm^{-1} 和 957 cm^{-1} 具有两个非桥氧键硅氧四面体;761 cm^{-1} 和 691 cm^{-1} 具有四个非桥氧键硅氧四面体 $SiO_4(Q^0)$Si—O 伸缩振动的拉曼峰;658 cm^{-1} 处为 Si—O—Si 的对称弯曲振动;528 cm^{-1} 和 479 cm^{-1} 处为 O—Si—O 的弯曲振动;381 cm^{-1} 和 324 cm^{-1} 处为 M—O 变形和伸缩,其中 M 代表不同的阳离子。另外,在 691 cm^{-1} 处的特征峰随着温度的升高,谱带强度逐渐减弱,其他各特征谱带的强度逐渐增强。当热处理温度升高到 870 ℃ 时,样品在 957 cm^{-1} 和 381 cm^{-1} 处出现两个新的特征谱带。261 cm^{-1} 处为离子激光器的噪音信号。据此对该体系透辉石拉曼光谱图的归属见表 3.5。

表 3.5 尾矿微晶玻璃拉曼谱带归属表

拉曼特征谱带 /cm^{-1}	谱带归属
999	Si—O$^-$ 对称伸缩(Q^2)
957	Si—O$^-$ 对称伸缩(Q^2)
761	Si—O^0 对称伸缩(Q^0)
691	Si—O^0 对称伸缩(Q^0)
658	Si—O—Si 对称伸缩或弯曲
528	O—Si—O 伸缩或弯曲
479	O—Si—O 伸缩或弯曲
381	M—O 伸缩
324	M—O 伸缩

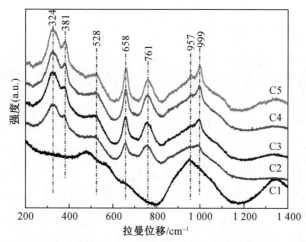

C1—670 ℃/2 h;C2—720 ℃/2 h;C3—770 ℃/2 h;C4—820 ℃/2 h;C5—870 ℃/2 h

图 3.16　传统热处理保温 2 h、不同温度制备的微晶玻璃拉曼光谱图

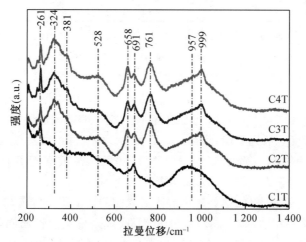

C1T—720 ℃/20 min;C2T—770 ℃/20 min;C3T—820 ℃/20 min;C4T—870 ℃/20 min

图 3.17　传统热处理保温 20 min、不同温度制备的微晶玻璃拉曼光谱图

3.4.5　传统热处理温度对尾矿微晶玻璃理化性能的影响研究

以上通过不同的检测方法得到了不同热处理温度下制得的微晶玻璃晶相种类、微观结构和晶体组成,下面结合理化性能进行进一步的分析。性能汇总见表 3.6。

表 3.6　传统热处理不同温度制备的微晶玻璃理化性能

样品编号	密度/(g·cm⁻³)	抗折强度/MPa	耐酸性(20%H₂SO₄)/%	耐碱性(20%NaOH)/%	硬度/(kg·mm⁻²)
C1	2.81	97.88	90.70	89.40	653.52±17.71
C2	2.91	162.65	99.26	96.61	679.27±16.45
C3	2.95	217.34	99.70	99.04	715.75±18.62
C4	2.97	220.24	99.78	98.78	736.65±22.86
C5	2.98	230.33	99.38	99.25	769.32±17.94
C1T	2.81	100.04	91.68	90.44	633.66±23.36
C2T	2.91	171.65	98.10	98.29	668.33±18.36
C3T	2.95	183.34	98.25	98.54	689.46±17.73
C4T	2.97	189.24	98.54	99.01	714.44±19.26
C5T	2.98	213.33	99.08	99.13	735.28±16.45

由表 3.6 可知,随着热处理温度的升高,样品的密度、硬度、抗折强度、弹性模量、剪切模量和耐酸(碱)性能也基本呈现出增大的趋势。微晶玻璃的力学性能取决于其组成和结构,样品的密度和显微硬度变化规律一致,结合微晶玻璃样品的显微结构可知:具有结构疏松、晶粒尺寸较大的显微结构时,微晶玻璃的密度和显微硬度较低;相反,结构致密、晶粒细小的微晶玻璃样品具有较高的密度和显微硬度。研究表明,当热处理温度为 870 ℃ 时,微晶玻璃表现出最优抗折强度;具有柱状互锁结构、晶粒尺寸较大的微晶玻璃有着较高的抗折强度。抗折强度用于表征材料单位面积承受弯矩时的极限折断应力,又称抗弯强度、断裂模量。综合考虑,热处理中温度对样品的性能影响显著,微晶玻璃的耐酸(碱)性受结晶相的种类、晶粒尺寸和数量、残余玻璃的性质和数量的影响,一般情况下,玻璃相的耐酸性较差。从表 3.6 中可以看出,由于 C1 和 C1T 样品未析晶,故样品主晶相为玻璃相,其耐酸(碱)性较差;随着热处理温度的升高,样品中逐渐析出透辉石相,微晶玻璃的耐酸性有所提高。总体来看,整体析晶的微晶玻璃样品的耐碱性都在98%以上,耐酸性都在99%以上,说明该系微晶玻璃的耐碱性稳定。这些研究结果在一定情况下可以指导尾矿微晶玻璃的生产,有利于制得性能更优异的尾矿微晶玻璃。以上十组样品确定了综合性能最优的传统热处理制度为 870 ℃/2 h,所制备的微晶玻璃的密度为 2.98 g/cm³,抗折强度为 230.33 MPa,硬度为 769.32 kg/mm²,耐酸性为 99.38%,耐碱性为 99.25%。

3.5　传统热处理保温时间对尾矿微晶玻璃析晶过程的影响

3.5.1　传统热处理不同保温时间制备的尾矿微晶玻璃析晶类型分析

图 3.18 左所示为传统热处理 720 ℃、不同保温时间制备的微晶玻璃的 XRD 图谱，从图中可以看出，在传统热处理制度为 720 ℃/30 min 时，样品 C30D 中只有代表玻璃相特征的"馒头"状衍射峰出现，表明此时样品未析晶，仍然是无定形玻璃相。当热处理保温时间提高至 1 h 时，样品 C1HD 开始析出透辉石晶体（$Mg_{0.6}Fe_{0.2}Al_{0.2}$）$Ca(Si_{1.5}Al_{0.5})O_6$（标准卡片号为 72-1379）。随着热处理保温时间的进一步延长，样品 C2HD 的主晶相没有明显的变化，仍为透辉石相。图 3.18 右为三组样品 2θ 为 28°～37° 的放大图，通过对比 C1HD 和 C2HD 样品 XRD 主衍射峰的积分强度及衍射峰位移，发现主晶相的衍射峰强度及衍射峰位移随着热处理温度的增加变化不大。

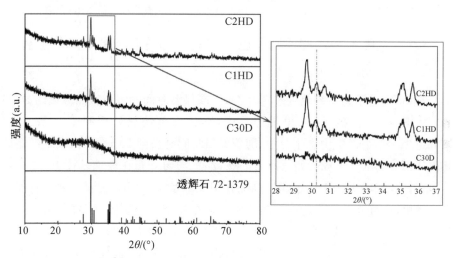

C1T—720 ℃/20 min；C30D—720 ℃/30 min；C1HD—720 ℃/1 h；C2HD—770 ℃/2 h

图 3.18　传统热处理 720 ℃、不同保温时间制备的微晶玻璃的 XRD 图谱

图 3.19 左所示为传统热处理 820 ℃、不同保温时间制备的微晶玻璃的 XRD 图谱，从图中可知，传统热处理制度为 820 ℃/0 min 时，样品中已析出大量的透辉石（$Mg_{0.6}Fe_{0.2}Al_{0.2}$）$Ca(Si_{1.5}Al_{0.5})O_6$（标准卡片号为 72-1379）晶相，随着热处理保温时间的进一步延长，各样品的主晶相没有明显的变化，均为透辉

石相。图3.19右为四组样品 2θ 为 $28^\circ \sim 37^\circ$ 的放大图,通过对比各个样品 XRD 主衍射峰的积分强度及衍射峰位移,发现主晶相的衍射峰强度及衍射峰位移随着热处理温度的增加变化不大。

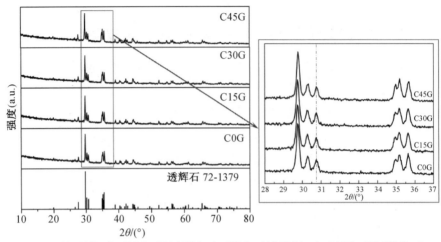

C0G—820 ℃/0 min;C15G—820 ℃/15 min;C30G—820 ℃/30 min;C45G—820 ℃/45 min

图 3.19   传统热处理 820 ℃、不同保温时间制备的微晶玻璃的 XRD 图谱

3.5.2   传统热处理不同保温时间制备的尾矿微晶玻璃的显微形貌分析

图 3.20 所示为传统热处理 720 ℃、不同保温时间制备的微晶玻璃的 SEM 图。从图 3.20(a) 的 SEM 电镜照片中可知,在传统热处理制度为 720 ℃/ 20 min 时,样品 C1T 中产生分相;随着保温时间延长到 30 min 时,该系微晶玻璃在分相的基础上形成初始透辉石晶核,晶核均匀分布在玻璃基体上,尺寸较小,如图 3.20(b) 所示,但是 C1T 样品在图 3.9 所示的 XRD 图谱中并未发现有透辉石相,这可能是因为透辉石晶核所占样品比例较小所致;随着保温时间的继续延长,晶核逐渐长大,形成较小的透辉石晶体,如图 3.20(c) 所示的 C1HD 样品;当保温时间继续延长时,如图 3.20(d) 所示,透辉石晶体继续长大成枝状晶,且可看到些许玻璃相,玻璃相与枝晶状透辉石晶体呈相互咬合结构。

从图 3.21(a) 中可以看出,当热处理制度为 820 ℃/0 min(C0G) 时,温度相对较高,保温时间较短,该系微晶玻璃在该温度下热处理时已形成大量的透辉石晶体,晶体形貌呈枝晶状,尺寸较大。随着保温时间的延长,该系微晶玻璃的透辉石晶体形貌变化不大,生长呈现 C15G、C30G 和 C45G 的枝状晶,如图 3.21(b)(c)(d) 所示。与图 3.20 对比可知,该系微晶玻璃在 820 ℃ 热处理时,样品的显微形貌随保温时间的变化不如 720 ℃ 时明显。

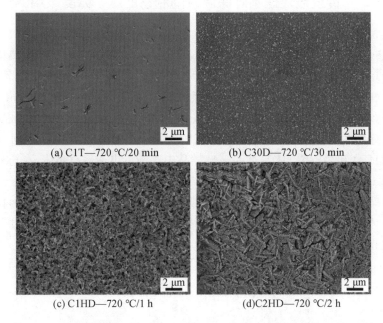

(a) C1T—720 ℃/20 min   (b) C30D—720 ℃/30 min

(c) C1HD—720 ℃/1 h   (d)C2HD—720 ℃/2 h

图 3.20   传统热处理 720 ℃、不同保温时间制备的微晶玻璃的 SEM 图

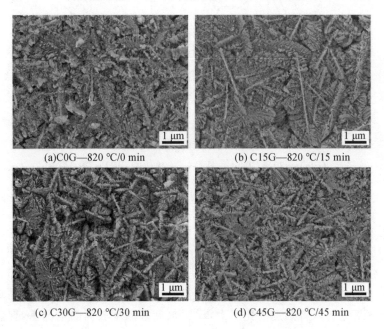

(a)C0G—820 ℃/0 min   (b) C15G—820 ℃/15 min

(c) C30G—820 ℃/30 min   (d) C45G—820 ℃/45 min

图 3.21   传统热处理 820 ℃、不同保温时间制备的微晶玻璃的 SEM 图

3.5.3　传统热处理不同保温时间制备的尾矿微晶玻璃的红外光谱分析

图3.22所示为传统热处理720 ℃、不同保温时间制备的微晶玻璃样品晶化热处理后的傅里叶红外光谱。从图中可以看出,当热处理制度为720 ℃/30 min(C30D)时,样品特征吸收峰数量较少,只有1 051 cm^{-1}和458 cm^{-1}处有吸收峰,在800～1 200 cm^{-1}范围内是一个较宽的包络线,其反映了玻璃体的长程无序结构。由前面的XRD和SEM可知,随着热处理保温时间延长到1 h(C1HD)和2 h(C2HD),微晶玻璃样品中逐渐析出透辉石晶体,在632 cm^{-1}和605 cm^{-1}处的特征吸收峰略有增强趋势。综合以上分析可知,随着热处理保温时间的延长,微晶玻璃样品中基团振动吸收峰数目增多、强度增加,说明透灰石晶体的析出量逐渐增加,且透辉石晶体结构的有序程度、紧密程度及析晶的完整程度增加。

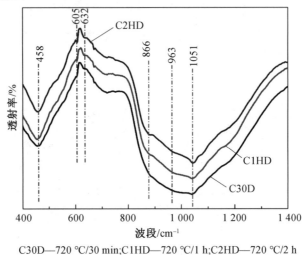

C30D—720 ℃/30 min;C1HD—720 ℃/1 h;C2HD—720 ℃/2 h

图3.22　传统热处理720 ℃、不同保温时间制备的微晶玻璃的傅里叶红外光谱图

图3.23所示为传统热处理820 ℃、不同保温时间制备的微晶玻璃样品晶化热处理后的傅里叶红外光谱。从图中可以看出,四组样品的红外光谱图形十分相似,各组样品特征谱带主要集中在1 051 cm^{-1}、963 cm^{-1}、866 cm^{-1}、632 cm^{-1}、605 cm^{-1}和458 cm^{-1}处;随着热处理保温时间的延长,微晶玻璃样品中基团振动吸收峰强度变化不大,说明热处理温度较高的情况下,保温时间对透辉石晶体的长大过程影响较小。

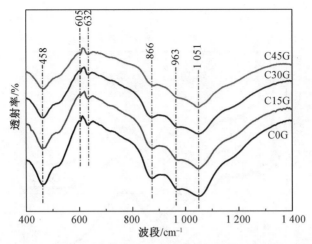

C0G—820 ℃/0 min;C15G—820 ℃/15 min;C30G—820 ℃/30 min;C45G—820 ℃/45 min

图 3.23　传统热处理 820 ℃、不同保温时间制备的微晶玻璃的傅里叶红外光谱图

3.5.4　传统热处理不同保温时间制备的尾矿微晶玻璃的拉曼光谱分析

图 3.24 所示为传统热处理 720 ℃、不同保温时间制备的微晶玻璃样品晶化热处理后的拉曼光谱。从图中可以看出,当热处理制度为 720 ℃/30 min(C30D) 时,样品特征吸收峰数量较少,只有 691 cm^{-1} 处有吸收峰,在 800 ~ 1 200 cm^{-1} 范围内是一个较宽的包络线,其反映了玻璃体的长程无序结构;随着热处理保温时间的延长,C1HD 和 C2HD 样品在 761 cm^{-1}、658 cm^{-1}、324 cm^{-1} 处出现了透辉石特征峰,且这三处的基团振动峰特征光谱的谱带强度增加,而 691 cm^{-1} 处的特征峰逐渐减弱。这说明随着保温时间的延长,微晶玻璃的晶体结构从长程有序向近程有序变化,从玻璃相逐渐析出透辉石相,透灰石晶体的析出量有所增加,且透辉石晶体结构的有序程度、紧密程度及析晶的完整程度有所增加。

图 3.25 所示为传统热处理 820 ℃、不同保温时间制备的微晶玻璃样品晶化热处理后的拉曼光谱。由图中可知,四组样品的拉曼光谱图形十分相似,其拉曼光谱的主要谱带(cm^{-1})为 999、761、691、658、525、324、261;随着热处理保温时间的延长,该组微晶玻璃样品中基团振动吸收峰强度变化不大。这说明热处理温度较高的情况下,保温时间对透辉石晶体的长大过程影响较小。其中,999 cm^{-1} 和 957 cm^{-1} 具有两个非桥氧键硅氧四面体(Q^2),761 cm^{-1} 和 691 cm^{-1} 具有四个非桥氧键硅氧四面体 SiO$_4$(Q^0)Si—O 伸缩振动的拉曼峰,658 cm^{-1} 处为 Si—O—Si 的对称弯曲振动,528 cm^{-1} 和 479 cm^{-1} 处为 O—

Si—O 的弯曲振动,381 cm⁻¹ 和 324 cm⁻¹ 处为 M—O 变形和伸缩,其中 M 代表不同的阳离子,261 cm⁻¹ 处为离子激光器的噪音信号。

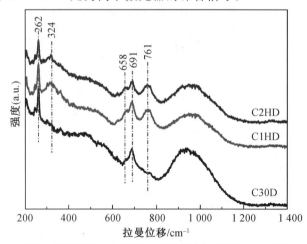

C30D—720 ℃/30 min;C1HD—720 ℃/1 h;C2HD—720 ℃/2 h

图 3.24　传统热处理 720 ℃、不同保温时间制备的微晶玻璃的拉曼光谱图

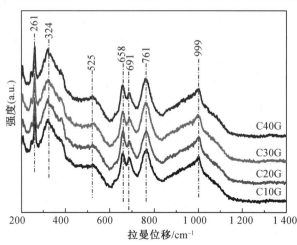

C10G—820 ℃/10 min;C20G—820 ℃/20 min;C30G—820 ℃/30 min;C40G—820 ℃/40 min

图 3.25　传统热处理 820 ℃、不同保温时间制备的微晶玻璃的拉曼光谱图

3.5.5　传统热处理制备的尾矿微晶玻璃的透射电镜分析

图 3.26 所示为传统热处理制度为 720 ℃/1 h 时(C1HD)样品的 TEM 图,其中 3.26(a)所示为 C1HD 样品的明场像(BF)。从图中可看出,透辉石晶体和玻璃相相互交织,相互咬合存在,且透辉石晶体呈大小不一的类枝状晶体。图

3.26（b）所示为透辉石晶体的选区电子衍射花样（SAED）。通过对衍射斑点（$\overline{2}00$）和（131）进行标定，可确定 C1HD 样品析出的主晶相为单斜结构的透辉石晶体（$Mg_{0.6}Fe_{0.2}Al_{0.2}$）$Ca(Si_{1.5}Al_{0.5})O_6$。图 3.26（c）所示为 C1HD 样品的高分辨电子像（HRTEM），其晶面间距 0.472 nm 与 0.256 nm 分别对应透辉石相的（$\overline{2}00$）与（$\overline{1}31$）晶面，与 SAED 图像中的晶面相吻合；无明显晶格条纹的白色区域为残余玻璃相。图 3.26（d）所示为透辉石晶体高角度环形暗场像（HADDF），C1HD 样品中主要存在衍射衬度不同的两相，即灰色类枝状晶透辉石晶体和残余玻璃相。

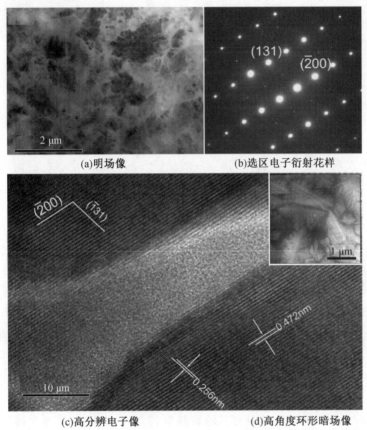

(a)明场像　　　　　　　　　　　　(b)选区电子衍射花样

(c)高分辨电子像　　　　　　　　(d)高角度环形暗场像

图 3.26　传统热处理制度为 720 ℃/1 h 时（C1HD）样品的透射电子显微照图

3.5.6　传统热处理保温时间对尾矿微晶玻璃理化性能的影响

以上通过不同的检测方法得到了传统热处理不同保温时间制得的微晶玻璃晶相种类、微观结构和晶体组成，下面结合理化性能进行进一步的分析。性能汇总见表 3.7。

表 3.7　传统热处理不同保温时间制备的微晶玻璃的理化性能

样品编号	密度 /(g·cm⁻³)	抗折强度 /MPa	耐酸性 (20%H₂SO₄)/%	耐碱性 (20%NaOH)/%	硬度 /(kg·mm⁻²)
C30D	2.62	101.38 ± 25.72	74.22	98.45	649.09 ± 5.77
C1HD	2.65	112.40 ± 18.68	92.49	98.86	678.93 ± 15.49
C2HD	2.78	140.01 ± 30.54	97.83	99.05	700.92 ± 18.09
C0G	2.83	163.88 ± 16.47	98.85	99.00	760.79 ± 19.58
C15G	2.87	170.35 ± 11.23	98.84	99.14	768.17 ± 11.66
C30G	2.93	174.44 ± 26.22	99.06	99.08	781.48 ± 15.99
C45G	2.97	210.99 ± 19.52	99.30	99.11	789.04 ± 14.44

　　从表 3.7 中可以看出,样品的密度、抗折强度、显微硬度、耐酸(碱)性的变化规律一致,均呈现逐渐增大的趋势。微晶玻璃的力学性能取决于其组成和结构,微晶玻璃中晶相和玻璃相的组成及相互比例,将影响玻璃的性能。在本书的研究中发现,结晶相所占比例越大,微晶玻璃的机械强度、硬度、耐磨性及化学稳定性越好,玻璃相含量过多会降低微晶玻璃的综合理化性能。结合该组微晶玻璃样品在前文的显微结构分析可知,热处理温度为 720 ℃ 时,随着保温时间的延长,玻璃相中逐渐析出透辉石晶体,所以其样品的密度、硬度、抗折强度和耐酸(碱)性能也呈现出增大的趋势。热处理温度为 820 ℃ 时,随着保温时间的延长,结晶程度逐渐增大,样品的密度、硬度、抗折强度、耐酸(碱)性能呈现出增大的趋势。且当热处理制度为 870 ℃/45 min 时,表现出最优抗折强度。由红外和拉曼光谱可知,随着热处理温度的升高,微晶玻璃样品中的结晶度逐渐增加,最终使样品的耐酸(碱)性能逐渐增加。综合考虑可知,热处理过程中不同保温时间对样品的理化性能有影响。微晶玻璃的耐酸(碱)性受结晶相的种类、晶粒尺寸和数量、残余玻璃的性质和数量的影响,一般情况下,玻璃相的耐酸性较差。从表 3.7 中可以看出,由于 C1 和 C1T 样品未析晶,样品主晶相为玻璃相,其耐酸(碱)性较差;随着热处理温度的升高,样品中逐渐析出透辉石相,微晶玻璃的耐酸性有所提高。总体来看,整体析晶的微晶玻璃样品的耐碱性都在 98% 以上,耐酸性都在 99% 以上,说明该系微晶玻璃的耐碱性稳定。这些结果在一定情况下可以指导尾矿微晶玻璃的生产,有利于制得性能更优异的尾矿微晶玻璃。以上七组样品确定的综合性能最优的传统热处理制度为 870 ℃/45 min,所制备的微晶玻璃的密度为 2.97 g/cm³,抗折强度为 210.99 MPa,硬度为 789.04 kg/mm²,耐酸性为 99.30%,耐碱性为 99.11%。

3.6　小　　结

以固阳铁尾矿和山东金尾矿为主要原料,采用熔融法制备的 CMAS 系尾矿微晶玻璃,其复合尾矿的利用率达 76.7%。采用传统一步法析晶热处理成功制备出主晶相为透辉石相的微晶玻璃,研究了传统热处理温度、热处理保温时间对尾矿微晶玻璃的析晶情况、晶相种类、显微形貌、晶体结构、力学性能和化学稳定性等方面的影响。

①XRD 结果表明:热处理工艺条件为 670 ℃、2 h 和 720 ℃、20 min 时,样品中只有代表玻璃相特征的"馒头"状衍射峰出现;随着热处理温度的升高,样品中逐渐析出透辉石晶体($Mg_{0.6}Fe_{0.2}Al_{0.2}$)$Ca(Si_{1.5}Al_{0.5})O_6$(标准卡片号为72-1379),且晶体衍射峰的强度呈现逐渐增加的趋势,表明透辉石晶体的结晶程度也呈现逐渐增加趋势。

②SEM 和 TEM 结果表明:该系透辉石晶体的生长顺序为分相 → 形核 → 晶体长大,微晶玻璃晶体的显微结构受一步法热处理温度的影响有较大改变,其中玻璃相呈现为连续的网络状,无明显的晶型和晶界,透辉石晶体和玻璃相相互交织,相互咬合存在;通过对衍射斑点($\overline{2}00$)和(131)进行标定,可确定该系微晶玻璃样品析出的主晶相为单斜结构的透辉石晶体,透辉石的形貌以枝状晶和棒状晶为主。

③FTIR 和 Raman 结果表明:当热处理工艺条件为 670 ℃、2 h(C1)和 720 ℃、20 min(C1T) 时,样品的主晶相为无定型的玻璃相,样品的特征谱带较少,在 $800 \sim 1\ 100\ cm^{-1}$ 范围内是一个较宽的包络线,其反映了玻璃体的长程无序结构;随着热处理温度的升高,微晶玻璃样品中逐渐析出透辉石晶体,微晶玻璃样品中基团振动特征峰逐渐呈现典型的辉石相红外光谱和拉曼特征峰位移,且特征峰数目增多、强度增加,说明透灰石晶体的析出量逐渐增加,且透辉石晶体结构的有序程度、紧密程度及析晶的完整程度增加;另外,该系透辉石的红外光谱谱带(cm^{-1})为 1 051、963、867、635、602、458,拉曼光谱的主要谱带(cm^{-1})为 999、761、691、658、528、479、381、324。

④ 确定综合性能最优的传统热处理制度为 870 ℃/2 h,所制备的微晶玻璃的密度为 2.98 g/cm^3,抗折强度为 230.33 MPa,硬度为769.32 kg/mm^2,耐酸性为 99.38%,耐碱性为 99.25%。热处理温度为 720 ℃ 时,保温时间对该系透辉石晶体长大过程有显著影响;热处理温度为 820 ℃ 时,保温时间对该系透辉石晶体长大过程影响较小。

第4章　微波热处理工艺对尾矿微晶玻璃析晶过程的影响

4.1　引　　言

在整个微晶玻璃制备工艺中,玻璃的熔融和热处理所消耗的能量占整个工艺成本的比例很大,因此为进一步降低尾矿制备微晶玻璃的成本、提高经济效益,寻找适宜的能源、降低能量损耗是技术研究的关键。

微波加热由内而外,加热均匀,热效率高,只需传统热处理的 $1/100 \sim 1/10$ 的时间即可完成加热过程,大大降低了加热过程中的能耗。改变微波输出功率,介质升温可无惰性地随之改变,操作性强。本章尝试采用微波热源替代传统热源对玻璃进行基础热处理,探索采用微波热处理制备微晶玻璃的新技术。

第3章中使用尾矿为主料,添加少量其他化工原料,使用传统热处理方法成功制备尾矿微晶玻璃,证明实验中使用的配方具有可行性,因此,在将微波热源引入制备过程的实验中将继续使用同样的有效配方。

由于微波对材料的作用方式不同,本章使用辅助介质(主要采用 SiC 为辅助介质)填埋的方式对常温下不吸波的基础玻璃进行低温时的加热,系统地研究微波热处理工艺(析晶温度、保温时间、微波功率、微波辅助介质)对尾矿微晶玻璃析晶过程的影响。因为在微波热处理制备尾矿微晶玻璃的开端,无法确定基础玻璃在什么温度下会发生介电常数突变,导致自主吸波,所以不能像传统热处理那样用 DSC 曲线确定基础玻璃的热处理制度。因此本实验设计在不同温度和不同时间对基础玻璃进行加热和保温,取出加热到某一温度或时间的样品进行水淬,将水淬样品烘干、研磨,进行 XRD 检测,以是否检测出物相为根据,最终确定微波的热处理制度。

4.2　微波热处理制备尾矿微晶玻璃热处理制度的确定

4.2.1　不同温度水淬样品的物相分析

取在微波炉中加热到 600 ℃、620 ℃、640 ℃、660 ℃，保温 20 min 的样品进行水淬，XRD 图谱如图 4.1 所示。从 XRD 的分析结果可以看出，样品在微波炉中加热到 600 ℃ 时，样品呈代表玻璃相特征的"馒头"状衍射峰，表明此时样品未析晶，仍然是无定形玻璃相。当热处理温度为 620 ℃ 时，已经明显地析出透辉石晶体 $(Mg_{0.6}Fe_{0.2}Al_{0.2})Ca(Si_{1.5}Al_{0.5})O_6$（标准卡片号为 72-1379）。且随着温度的增加，衍射峰强度增加得并不是很明显，也未观测到有第二相出现。综合以上分析，可以确定微波热处理中最低的热处理温度为 620 ℃。

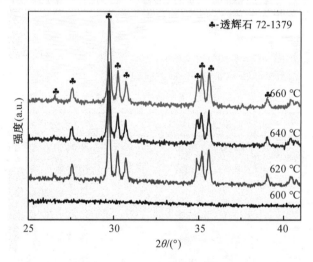

图 4.1　微波热处理不同温度的水淬样品 XRD 图谱

4.2.2　不同保温时间水淬样品的物相分析

通过以上实验确定了 620 ℃ 是微波热处理的最低温度，通过同样的方法，取在微波炉中加热到 620 ℃，保温时间分别为 5 min、10 min、15 min、20 min 的样品进行水淬，XRD 图谱如图 4.2 所示。

从图 4.2 中可以看到，样品在微波炉中加热到 620 ℃、保温 5 min 时，样品仍然是无定形玻璃相。当保温时间延长至 10 min 时，就开始有透辉石 $(Mg_{0.6}Fe_{0.2}Al_{0.2})Ca(Si_{1.5}Al_{0.5})O_6$（标准卡片号为 72-1379）晶体析出。从图 4.2

中还可以看到衍射峰的相对强度呈现逐渐增强的趋势。由此我们选取 620 ℃
作为最低的热处理温度,探讨微波热处理工艺中析晶温度、保温时间、微波功
率、微波辅助介质对样品结构和性能的影响。

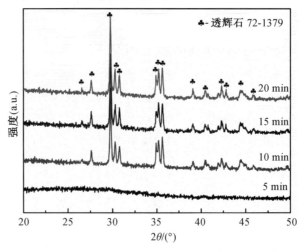

图 4.2　620 ℃、不同保温时间水淬样品的 XRD 图谱

根据以上分析,结合前期部分实验结果,制定的实验工艺参数见表 4.1。

表 4.1　微波热处理制备微晶玻璃样品工艺参数表

样本编号	晶化温度与保温时间	热处理方式
W1T	620 ℃,20 min	微波加热(碳化硅)
W2T	670 ℃,20 min	微波加热(碳化硅)
W3T	720 ℃,20 min	微波加热(碳化硅)
W4T	770 ℃,20 min	微波加热(碳化硅)
W5T	820 ℃,20 min	微波加热(碳化硅)
W6T	870 ℃,20 min	微波加热(碳化硅)
W0D	720 ℃,0 min	微波加热(碳化硅)
W10D	720 ℃,10 min	微波加热(碳化硅)
W30D	720 ℃,30 min	微波加热(碳化硅)
W40D	720 ℃,40 min	微波加热(碳化硅)
W0G	820 ℃,0 min	微波加热(碳化硅)
W15G	820 ℃,15 min	微波加热(碳化硅)
W30G	820 ℃,30 min	微波加热(碳化硅)
W45G	820 ℃,45 min	微波加热(碳化硅)

续表4.1

样本编号	晶化温度与保温时间	热处理方式
W0C	820 ℃,0 min	微波加热(活性炭 1 号)
W0P	820 ℃,0 min	微波加热(石墨)
W0A	820 ℃,0 min	微波加热(活性炭 2 号)
P—1KW	820 ℃,0 min	微波加热(碳化硅)
P—2KW	820 ℃,0 min	微波加热(碳化硅)
P—3KW	820 ℃,0 min	微波加热(碳化硅)
P—4KW	820 ℃,0 min	微波加热(碳化硅)

4.3 微波热处理温度对尾矿微晶玻璃析晶过程的影响

从以上热处理制度的确定分析中,得到了最低的热处理温度为 620 ℃,保温时间为 20 min,由此在研究微波热处理温度对尾矿微晶玻璃结构和性能的影响时,选取的热处理温度分别为 620 ℃、670 ℃、720 ℃、770 ℃、820 ℃ 和 870 ℃,保温时间为 20 min。

4.3.1 微波热处理不同温度制备的尾矿微晶玻璃析晶类型分析

按既定配方采用熔融法制备基础玻璃,使用不同的热处理温度对其进行微晶化处理,得到微晶玻璃样品并进行 XRD 实验,以对热处理过程中析出的晶体种类和比例进行定性和半定量分析,结果如图 4.3 所示。

从图 4.3 左侧的 XRD 图谱中可以看出,微波热处理制备得到的尾矿微晶玻璃晶相种类和传统热处理得到的一致,均为透辉石($Mg_{0.6}$ $Fe_{0.2}$ $Al_{0.2}$)$Ca(Si_{1.5}$ $Al_{0.5})O_6$(标准卡片号为 72-1379)。但是和传统方法显著不同的是,微波热处理制备的尾矿微晶玻璃析出晶体的温度非常低,在 620 ℃ 就已经生长出衍射峰强度很高的透辉石晶体,证明微波热处理时电磁波对材料的特殊效应很显著。图 4.3 右侧为六组样品 2θ 为 28° ~ 37° 的放大图,通过对比各个样品 XRD 主衍射峰的积分强度,发现主晶相的衍射峰强度随着热处理温度的增加变化不大,表明主晶相在微晶玻璃中的比例或含量变化不大。然后对比各个最强 XRD 衍射峰的 2θ 衍射角,发现随着热处理温度的增加,最强衍射峰值位置发生了微小的先左移后右移,这是由于母玻璃中半径不同的离子相互取代所致。对于母相玻璃中不同离子相互取代导致 XRD 主晶峰的偏移,在第 3 章中已做了较详细的阐述,本章不再赘述。

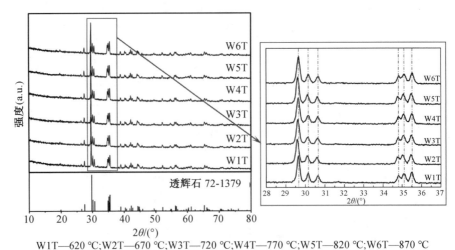

W1T—620 ℃;W2T—670 ℃;W3T—720 ℃;W4T—770 ℃;W5T—820 ℃;W6T—870 ℃

图 4.3　微波热处理不同温度、保温 20 min 制备的微晶玻璃的 XRD 图谱

4.3.2　微波热处理不同温度制备的尾矿微晶玻璃显微形貌分析

图 4.4 所示为微波热处理不同温度制备的微晶玻璃的 SEM 照片,图中的微晶玻璃样品经过质量分数为 5% 的氢氟酸侵蚀 75 s,其中的部分玻璃相被氢氟酸溶解,而透辉石相得以保留。从图 4.4 中可以看出,微波热处理不同温度制备的微晶玻璃样品中有明显的大小不一的晶体析出,且透辉石相和玻璃相相互交织,咬合存在,这种结构对微晶玻璃结构强度的提高非常有利。另外,微波晶化温度对透辉石晶体形貌有较大的影响,其中 W1T 样品的晶体为类球状晶,这是由于玻璃晶化温度偏低、透辉石晶体形核后发育不完全所致。随着晶化温度的提高,透辉石晶体进一步长大,呈类叶状结构,且温度越高长大趋势越明显,如图 4.4(b)(c) 所示的 W2T、W3T 样品。从图 4.4(c) 所示的 W3T 样品中还可看到明显的一次晶轴和二次晶;当温度达到 770 ℃ 时,如图 4.4(d) 所示的 W4T 样品中,透辉石晶体的一次晶轴和二次晶继续长大,并且有一次晶吞并二次晶的趋势;当温度达到 820 ℃ 时,如图 4.4(e) 所示的 W5T 样品中,透辉石晶体的一次晶和二次晶继续长大成柱状晶;直到 870 ℃ 时,如图 4.4(f) 所示的 W6T 样品中,透辉石晶体变成短柱状晶。

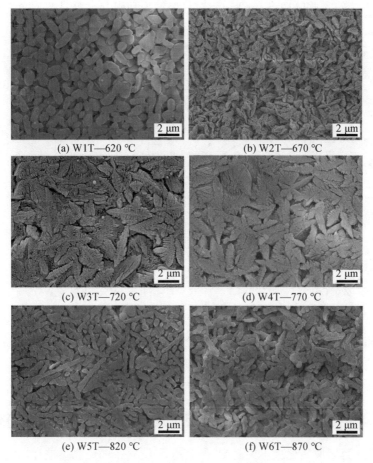

(a) W1T—620 ℃　　　　(b) W2T—670 ℃
(c) W3T—720 ℃　　　　(d) W4T—770 ℃
(e) W5T—820 ℃　　　　(f) W6T—870 ℃

图 4.4　微波热处理不同温度、保温 20 min 制备的微晶玻璃的 SEM 照片

4.3.3　微波热处理不同温度制备的尾矿微晶玻璃红外光谱分析

图 4.5 所示为微波热处理不同温度、保温 20 min 制备的微晶玻璃样品晶化热处理后的傅里叶红外光谱。从图中可以看出,微波热处理方法制备得到的尾矿微晶玻璃的特征吸收带主要由三部分组成。第一部分在 850 ~ 1 100 cm^{-1} 波数范围内且吸收带强度大,其中 1 051 cm^{-1} 处的吸收峰由 Si—O—Si 非对称伸缩振动引起;963 cm^{-1} 处的吸收峰为 O—Si—O 非对称伸缩振动引起;866 cm^{-1} 处的吸收峰由 O—Si—O 的对称伸缩振动引起。第二部分在 600 ~ 700 cm^{-1} 波数范围内,此区吸收带为透辉石以链状结构存在的特征吸收峰,在此区中吸收带的数目取决于结构中的 Si—O 链类型数,其中 605 cm^{-1}、

632 cm⁻¹ 处的吸收峰由 Si—O—Si 对称伸缩振动引起。第三部分在 458 cm⁻¹ 处的吸收峰由 M—O 伸缩振动引起,其中 M 代表不同的阳离子。

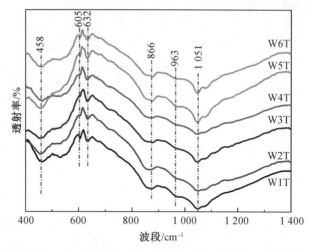

W1T—620 ℃;W2T—670 ℃;W3T—720 ℃;W4T—770 ℃;W5T—820 ℃;W6T—870 ℃

图 4.5   微波热处理保温 20 min、不同温度制备的微晶玻璃红外光谱图

从图 4.5 中还可以看出,随着热处理温度的升高,微晶玻璃样品中基团振动吸收峰略有增强,表明随着热处理温度的升高,透灰石晶体的析出量逐渐增加,且透辉石晶体结构的有序程度、紧密程度及析晶的完整程度增加。

4.3.4   微波热处理不同温度制备的尾矿微晶玻璃拉曼光谱分析

图 4.6 为微波热处理不同温度、保温 20 min 制备的微晶玻璃样品拉曼光谱图,在第 3 章中已对辉石的结构单元做了概述。由图 4.6 可知,微波热处理制备的尾矿微晶玻璃,在 620 ℃ 处理时就有较多的特征峰,且无 800 ~ 1 100 cm⁻¹ 范围内的包络线,该系透辉石拉曼光谱的主要谱带(cm⁻¹)为 999、957、761、658、528、381、324;随着热处理温度的升高,各特征谱带的强度逐渐增强,说明随着热处理温度的升高,透灰石晶体的析出量逐渐增加,且透辉石晶体结构的有序程度、紧密程度及析晶的完整程度增加。

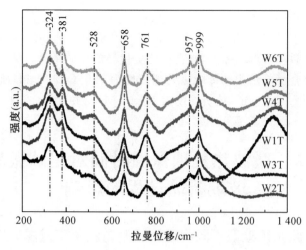

W1T—620 ℃;W2T—670 ℃;W3T—720 ℃;W4T—770 ℃;W5T—820 ℃;W6T—870 ℃

图 4.6　微波热处理保温 20 min、不同温度制备的微晶玻璃拉曼光谱图

4.3.5　微波热处理温度对尾矿微晶玻璃理化性能的影响

以上通过不同的检测方法得到了不同热处理温度下制得的微晶玻璃晶相种类、微观结构和晶体组成,下面结合理化性能进行进一步分析,性能汇总见表 4.2。

表 4.2　微波热处理不同温度制备的微晶玻璃理化性能

样品编号	密度/(g·cm⁻³)	抗折强度/MPa	耐酸性(20%H₂SO₄)/%	耐碱性(20%NaOH)/%	硬度/(kg·mm⁻²)
W1T	2.95	214.71±15.42	98.96	99.11	679.92±16.09
W2T	2.96	230.71±18.63	99.38	99.13	713.29±17.58
W3T	2.97	264.62±21.45	99.38	99.17	736.15±18.43
W4T	2.97	230.15±19.35	99.22	98.67	745.48±13.78
W5T	2.97	207.60±23.71	99.43	98.46	751.04±16.58

由表 4.2 可知,微波热处理温度对微晶玻璃的理化性能影响显著。随着微波热处理温度的升高,样品的密度和硬度呈现逐渐增大的趋势,抗折强度呈现出先增大后减小的趋势。微晶玻璃的性能主要由内部的微观结构决定,包括晶体平均尺寸和晶体的分布等因素。其中,密度增大的主要原因是微波热处理时温度升高使得基础玻璃中晶核析晶充分,体积收缩。而抗折强度的变化,主要是晶体平均尺寸及结晶程度的变化所致。结合前文中该组微晶玻璃样品的显微结构分析可知,当热处理温度为 720 ℃ 时,样品的平均尺寸最大,呈现类叶状结构,此时表现出了最优的抗折强度。样品的耐酸(碱)性能的变化趋势并不

是很明显，总体来看，整体析晶的微晶玻璃样品的耐碱性都在 98％ 以上，耐酸性都在 99％ 以上，说明该系微晶玻璃的耐碱性稳定。这些结果在一定情况下可以指导尾矿微晶玻璃的生产，制得性能更优异的尾矿微晶玻璃。由以上七组样品确定的综合性能最优的传统热处理制度为 720 ℃/20 min，所制备的微晶玻璃的密度为 2.97 g/cm³，抗折强度为 264.62 MPa，硬度为 736.15 kg/mm²，耐酸性为 99.38％，耐碱性为 99.17％。

4.4　微波热处理保温时间对尾矿微晶玻璃析晶过程的影响

4.4.1　微波热处理不同保温时间制备的尾矿微晶玻璃析晶类型分析

图 4.7 左所示为微波热处理 720 ℃、不同保温时间制备的微晶玻璃的 XRD 图谱，从图中可以看出，在微波热处理制度为 720 ℃/0 min 时，样品中已析出大量的透辉石（$Mg_{0.6}Fe_{0.2}Al_{0.2}$）$Ca(Si_{1.5}Al_{0.5})O_6$（标准卡片号为 72-1379）晶相，随着热处理保温时间的进一步延长，各样品的主晶相没有明显的变化，均为透辉石相。图 4.7 右为四组样品 2θ 为 28°～37° 的放大图，通过对比各个样品 XRD 主衍射峰的积分强度及衍射峰位移，发现主晶相的衍射峰强度变化不大，主晶相最强衍射峰位移略有右移。

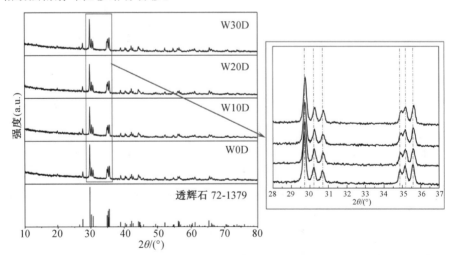

W0D—720 ℃/0 min；W10D—720 ℃/10 min；W20D—720 ℃/20 min；W30D—720 ℃/30 min

图 4.7　微波热处理 720 ℃、不同保温时间制备的微晶玻璃的 XRD 图谱

　　图 4.8 左所示为微波热处理 820 ℃、不同保温时间制备的微晶玻璃的 XRD 图谱,从图中可知,微波热处理制度为 820 ℃/0 min 时,样品中已析出大量的透辉石 $(Mg_{0.6}Fe_{0.2}Al_{0.2})Ca(Si_{1.5}Al_{0.5})O_6$(标准卡片号为 72-1379)晶相,随着热处理保温时间的进一步延长,各样品的主晶相没有明显的变化,均为透辉石相。图 4.8 右为四组样品 2θ 为 28°～37°的放大图,通过对比各个样品 XRD 主衍射峰的积分强度及衍射峰位移,发现主晶相的衍射峰强度及衍射峰位移随着热处理温度的增加变化不大。

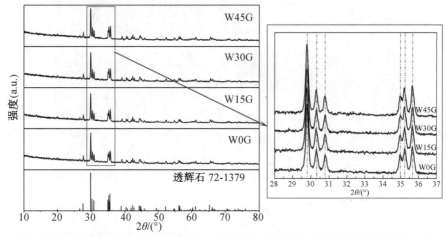

W0G—820 ℃/0 min;W15G—820 ℃/15 min;W30G—820 ℃/30 min;W45G—820 ℃/45 min

图 4.8　微波热处理 820 ℃、不同保温时间制备的微晶玻璃的 XRD 图谱

4.4.2　微波热处理不同保温时间制备的尾矿微晶玻璃显微形貌分析

　　图 4.9 所示为微波热处理 720 ℃、不同保温时间制备的微晶玻璃的 SEM 图。从颜色变化来看,五组样品的颜色均呈现辉石棕绿色,随着保温时间的延长,其外观颜色逐渐变得较为明亮,表明五组样品都为整体析晶,表面致密,无明显可见气孔。从图中可以看出,微晶玻璃主晶相的显微结构在 720 ℃ 热处理时,受微波热处理保温时间影响有较大改变,W0D ～ W40D 样品的 SEM 图片中均可以看出明显的、大小不一的晶体析出,这与之前 XRD 的分析结果一致。当热处理制度为 720 ℃/0 min 时,如图 4.9(b)所示,W0D 样品呈现出一次晶轴较大、二次晶轴略小的枝状晶透辉石相,其一次晶轴约为 1.2 μm;随着热处理保温时间延长到 10 min(W10D)和 20 min(W20D),样品主晶相的显微形貌呈现一次晶轴和二次晶轴有所长大的透辉石枝状晶,其一次晶轴约为 2 μm;随着热处理保温时间继续延长到 30 min(W30D)和 40 min(W40D),样品主晶相的

显微形貌呈现尺寸较小的碎块状晶和岛状晶,其晶体尺寸分别约为 0.1 μm 和 0.5 μm。

图 4.9　微波热处理 720 ℃、不同保温时间制备的微晶玻璃的 SEM 图

图 4.10 所示为微波热处理 820 ℃、不同保温时间制备的微晶玻璃的 SEM 图,可以看出,当热处理制度为 820 ℃/0 min(W0G) 时,温度相对较高,该系微晶玻璃在该温度下热处理时已形成大量的透辉石晶体,晶体形貌呈类棒状晶,尺寸较小。随着保温时间的延长,该系微晶玻璃的透辉石晶体形貌变化不大,生长呈现 W15G、W30G 和 W45G 的类棒状晶,如图 4.10(b)(c)(d) 所示。与 720 ℃、不同保温时间制备的微晶玻璃的 SEM 图(图 4.9)对比可知,该系微晶玻璃在 820 ℃ 热处理时,样品的显微形貌随保温时间的变化不如 720 ℃ 时明显。

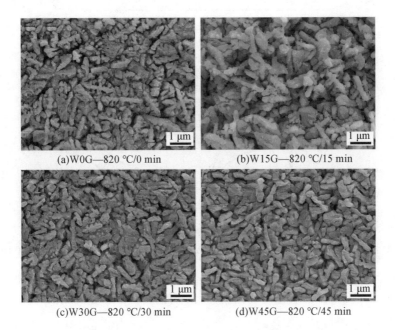

(a)W0G—820 ℃/0 min　　　　　　(b)W15G—820 ℃/15 min

(c)W30G—820 ℃/30 min　　　　　　(d)W45G—820 ℃/45 min

图 4.10　微波热处理 820 ℃、不同保温时间制备的微晶玻璃的 SEM 图

4.4.3　微波热处理不同保温时间制备的尾矿微晶玻璃红外光谱分析

图 4.11 和图 4.12 分别为微波热处理 720 ℃ 和 820 ℃、不同保温时间制备微晶玻璃样品晶化热处理后的傅里叶红外光谱。从图中可以看出,各样品的红外光谱图形十分相似,各组样品特征谱带主要集中在:1 051 cm^{-1}、963 cm^{-1}、867 cm^{-1}、632 cm^{-1}、605 cm^{-1} 和 458 cm^{-1} 处。从图 4.11 可以看出,随着热处理保温时间的延长,微晶玻璃样品中基团振动吸收峰强度变化略有增强,说明当热处理温度为 720 ℃ 时,随着保温时间的延长,透灰石晶体的析出量略有增加,且透辉石晶体结构有序程度、紧密程度及析晶的完整程度略有增加。从图 4.12 可以看出,随着热处理保温时间的延长,微晶玻璃样品中基团振动吸收峰强度变化不大,说明当热处理温度为 820 ℃ 时,随着保温时间的延长,透灰石晶体的析出量、晶体结构有序程度、紧密程度及析晶的完整程度均变化不大。

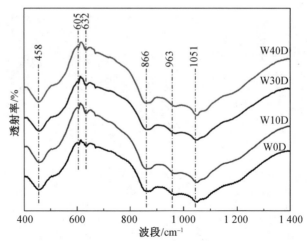

W0D—720 ℃/0 min;W10D—720 ℃/10 min;W30D—720 ℃/30 min;W40D—720 ℃/40 min

图 4.11　微波热处理 720 ℃、不同保温时间制备微晶玻璃的傅里叶红外光谱图

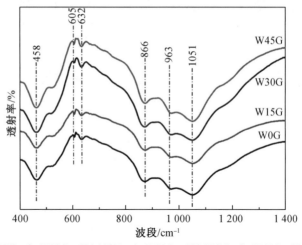

W0G—820 ℃/0 min;W15G—820 ℃/15 min;W30G—820 ℃/30 min;W45G—820 ℃/45 min

图 4.12　微波热处理 820 ℃、不同保温时间制备微晶玻璃的傅里叶红外光谱图

4.4.4　微波热处理不同保温时间制备的尾矿微晶玻璃拉曼光谱分析

图 4.13 为微波热处理 720 ℃、不同保温时间制备微晶玻璃样品晶化热处理后的拉曼光谱。由图可知,四组样品的拉曼光谱图形十分相似,其拉曼光谱的主要谱带(cm^{-1})为 999、761、689、658、528、324、261;随着热处理保温时间的延长,该组微晶玻璃样品中基团振动吸收峰强度变化不大。其中,999 cm^{-1} 和

具有两个非桥氧键硅氧四面(Q^2);761 cm^{-1} 和 689 cm^{-1} 具有四个非桥氧键硅氧四面体 SiO$_4$(Q^0)Si－O 伸缩振动的拉曼峰;658 cm^{-1} 处为 Si－O－Si 的对称弯曲振动;528 cm^{-1} 处为 O－Si－O 的弯曲振动;324 cm^{-1} 处为 M－O 变形和伸缩,其中 M 代表不同的阳离子;261 cm^{-1} 处为离子激光器的噪音信号。

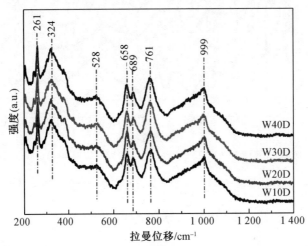

W0D—720 ℃/0 min;W10D—720 ℃/10 min;W30D—720 ℃/30 min;W40D—720 ℃/40 min

图 4.13　微波热处理 720 ℃、不同保温时间制备微晶玻璃的拉曼光谱图

图 4.14 为微波热处理 820 ℃、不同保温时间制备微晶玻璃样品晶化热处理后的拉曼光谱。由图可知,四组样品的拉曼光谱图形十分相似,其拉曼光谱的主要谱带(cm^{-1})为 999、761、689、658、528、324、261;随着热处理保温时间的延长,689 cm^{-1} 处的特征峰逐渐减弱,其他基团振动吸收峰强度变化不大。说明热处理温度较高的情况下,保温时间对透辉石晶体的长大过程影响较小。其中,999 cm^{-1} 具有两个非桥氧键硅氧四面(Q^2);761 cm^{-1} 和 689 cm^{-1} 具有四个非桥氧键硅氧四面体 SiO$_4$(Q^0)Si－O 伸缩振动的拉曼峰;658 cm^{-1} 处为 Si－O－Si 的对称弯曲振动;528 cm^{-1} 处为 O－Si－O 的弯曲振动;324 cm^{-1} 处为 M－O 变形和伸缩,其中 M 代表不同的阳离子;261 cm^{-1} 处为离子激光器的噪音信号。

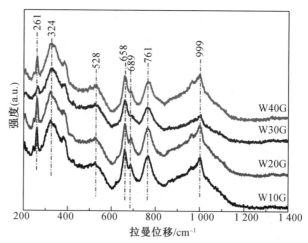

W0G—820 ℃/0 min;W15G—820 ℃/15 min;W30G—820 ℃/30 min;W45G—820 ℃/45 min

图 4.14　微波热处理 820 ℃、不同保温时间制备微晶玻璃的拉曼光谱图

4.4.5　微波热处理制备的尾矿微晶玻璃透射电镜分析

图 4.15 所示为微波热处理 720 ℃/0 min（W30D）样品的 TEM 图，其中4.15（a）为 W30D 样品的明场像（BF）。从图中可看出透辉石晶体和玻璃相相互交织、咬合存在，且透辉石晶体呈大小不一的类球状晶体。图 4.15（b）所示为透辉石晶体的选区电子衍射花样（SAED）。通过对衍射斑点（$\overline{2}00$）和（021）进行标定，可确定 W30D 样品析出的主晶相为单斜结构的透辉石晶体$(Mg_{0.6}Fe_{0.2}Al_{0.2})Ca(Si_{1.5}Al_{0.5})O_6$。图 4.15（c）所示为 W30D 样品的高分辨率电子像（HRTEM），其晶面间距 0.471 nm 与 0.300 nm 分别对应透辉石相的（$\overline{2}00$）与（$\overline{2}21$）晶面，与 SAED 图像中的两个晶面相吻合；且残余玻璃相 A 区无晶格条纹。图 4.15（d）所示为 W30D 样品残余玻璃相的选区电子衍射花样（SAED），可见玻璃相呈现典型的非晶环。

为进一步明确透辉石相和玻璃相中元素的富集情况，对微波热处理720 ℃/0 min（W30D）样品进行了微区能谱面扫描分析，如图 4.16 所示。能谱面扫描图 4.16 中，W30D 样品微区元素成分分析结果表明，透辉石相中的主要元素有 Si、Ca、Mg、Fe、O 和 Al，而玻璃相中主要以 Si、Al 和 O 为主，极少的 Ca、Mg、Fe 三种元素存在于玻璃相中，说明在透辉石的生长过程中，Ca、Mg、Fe 优先参与反应进入透辉石结构中。此结果与 XRD 结果中透辉石晶体的分子式$(Mg_{0.6}Fe_{0.2}Al_{0.2})Ca(Si_{1.5}Al_{0.5})O_6$ 相对应，与 XRD 结果相互佐证，也证明在透辉石晶体形成过程中，存在不同离子相互取代的过程，导致晶体结构不同。

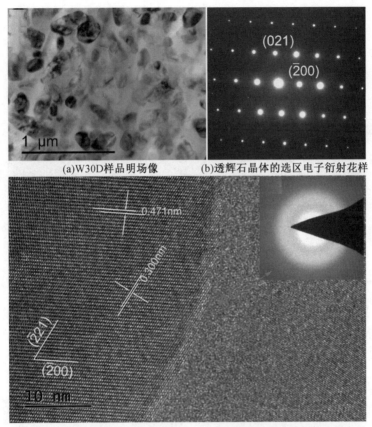

(a)W30D样品明场像　　　　(b)透辉石晶体的选区电子衍射花样

(c)W30D样品的高分辨率电子像　　(d)W30D样品残余玻璃相的选区电子衍射花样

图 4.15　微波热处理 720 ℃/0 min（W30D）样品的透射电子显微照图

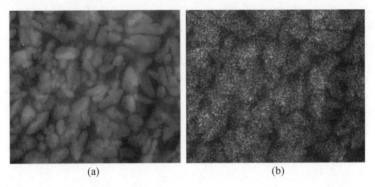

(a)　　　　　　　　　(b)

图 4.16　微波热处理 720 ℃/0 min（W30D）样品的高角度环形暗场像和 EDS 微区能谱面扫描图

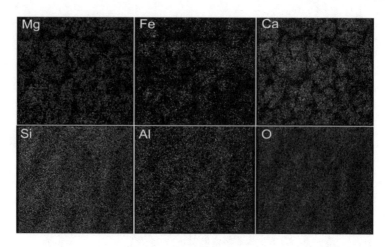

续图 4.16

4.4.6　微波热处理保温时间对尾矿微晶玻璃理化性能的影响

以上通过不同的检测方法得到了微波热处理不同保温时间制得的微晶玻璃晶相种类、微观结构和晶体组成,下面结合理化性能进行进一步的分析。微波热处理保温不同时间制备微晶玻璃的理化性能汇总见表 4.3。

表 4.3　微波热处理保温不同时间制备微晶玻璃的理化性能

样品编号	密度 /(g·cm^{-3})	抗折强度 /MPa	耐酸性 (20%H$_2$SO$_4$)/%	耐碱性 (20%NaOH)/%	硬度 /(kg·mm^{-2})
W0D	2.81	183.39	99.24	98.59	764.56 ± 11.56
W10D	2.89	216.40	99.11	98.16	766.87 ± 8.87
W30D	2.90	207.85	98.23	99.02	767.66 ± 8.65
W40D	2.93	205.91	98.64	98.34	775.42 ± 10.87
W0G	2.85	191.11	99.38	99.13	785.52 ± 6.19
W15G	2.99	203.44	99.38	99.17	775.42 ± 10.87
W30G	3.00	179.53	99.22	98.67	770.67 ± 19.63
W45G	3.01	176.89	99.43	98.46	780.91 ± 8.34

由表 4.3 可知,微波热处理不同保温时间对微晶玻璃的理化性能影响显著。当微波热处理温度 720 ℃ 时,样品的密度和硬度呈现规律性增长,W0D、

W10D、W30D 和 W40D 四组样品的最小密度值为 2.81 g/cm³,最大的密度值为 2.93 g/cm³,根据前文的经验可知,样品的密度大小可间接反映微晶玻璃的结晶程度。同时,这四组样品的硬度也呈现逐渐增大的趋势,这个结果同前文一致,样品的硬度与密度变化趋势一致,这是由于随着微波热处理保温时间的延长,四组样品的密度逐渐增大,从而导致其硬度逐渐增大。抗折强度呈先增大后减小的趋势,其中最大的抗折强度出现在微波热处理制度为 720 ℃/10 min 时,抗折强度达到 216.40 MPa。当微波热处理温度为 820 ℃ 时,样品的密度依然呈现规律性增长,硬度没有呈现规律性增长趋势,但变化不大,其值分布在 770 ~ 786 之间,且其变化范围在误差范围之内。根据前文的组织结构分析可知,当微波热处理温度为 820 ℃ 时,不同保温时间对微晶玻璃的结构影响非常小,其显微形貌十分相似,故其硬度值必然相差不大。样品的耐酸(碱)性能的变化趋势并不是很明显,总体来看,整体析晶的微晶玻璃样品的耐碱性都在 98% 以上,耐酸性在都在 98% 以上,说明该系微晶玻璃的耐碱性稳定。在一定情况下可以指导尾矿微晶玻璃的生产,取得性能更优异的尾矿微晶玻璃。以上八组样品确定综合性能最优的传统热处理制度为 720 ℃/10 min,所制备的微晶玻璃的密度为 2.89 g/cm³,抗折强度为 216.40 MPa,硬度为 766.87 kg/mm²,耐酸性为 99.11%,耐碱性为 98.16%。

4.5　微波热处理输出功率对尾矿微晶玻璃析晶过程的影响

4.5.1　微波热处理不同输出功率下 SiC 的升温特性

如图 4.17 所示为不同微波功率下 SiC 辅助介质热处理的升温情况,由图可以看出,随着微波输出功率的增强,升温速率变快。当微波功率为 1 kW 时,升温到 720 ℃ 大约需要 310 min;当功率为 2 kW 时,升温到 720 ℃ 大约需要 60 min;当功率为 3 kW 时,升温到 720 ℃ 大约需要 40 min;当功率为 4 kW 时,升温到 720 ℃ 大约需要 25 min;当功率为 5 kW 时,升温到 720 ℃ 大约需要 25 min。这是由于随着微波输出功率的逐渐增加,微波提供给介质的瞬间能量变大,介质与微波的耦合作用增强,使得升温速率变快,升温至同一温度所需时间缩短。在接下来的实验中,我们将通过改变微波输出功率,来考察微波能量的瞬间提高会对尾矿微晶玻璃的析晶过程有什么样的影响。

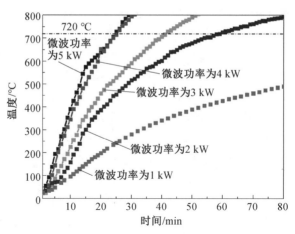

图 4.17　　不同微波输出功率下 SiC 的升温特性

4.5.2　微波热处理不同输出功率制备的尾矿微晶玻璃析晶类型分析

　　图 4.18 左所示为微波热处理不同输出功率 820 ℃/0 min 制备微晶玻璃的 XRD 图谱,从图中可以看出,各样品在该工艺下热处理过程中析出大量的透辉石($Mg_{0.6}Fe_{0.2}Al_{0.2}$)Ca($Si_{1.5}Al_{0.5}$)O_6(标准卡片号为 72-1379)晶相,随着微波输出功率的变化,各样品的主晶相没有明显的变化,均为透辉石相。图 4.19 右为四组组样品 2θ 为 28°~37°的放大图,通过对比各个样品 XRD 主衍射峰的积分强度及衍射峰位移,发现主晶相的衍射峰强度及衍射峰位移随着微波输出功率的增加变化不大。

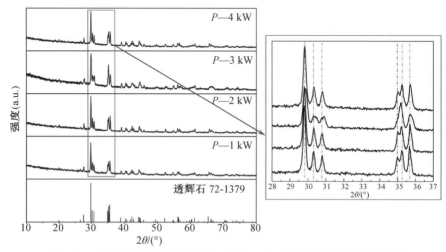

图 4.18　　不同微波输出功率下 820 ℃/0 min 制备微晶玻璃的 XRD 图谱

4.5.3　微波热处理不同输出功率制备的尾矿微晶玻璃显微形貌分析

图 4.19 所示为微波热处理不同功率 820 ℃/0 min 制备微晶玻璃的 SEM 图。从图中可以看出,微波热处理功率对微晶玻璃显微形貌的影响较大。当微波功率为 1 kW 时,升温速率较慢,最终所形成的透辉石为类球状晶体,其晶体尺寸约为 0.2 μm,如图 4.19(a) 所示。当微波功率为 2 kW 时,如图 4.19(b) 所示,样品中的透辉石晶体呈现一次晶轴和二次晶轴较粗的枝状晶,其一次晶轴尺寸约为 1 μm。当微波功率为 3 kW 时,如图 4.19(c) 所示,样品中的透辉石晶体呈现一次晶轴和二次晶轴尺寸较小的枝状晶,其一次晶轴尺寸约为 0.8 μm。当微波功率为 4 kW 时,如图 4.19(d) 所示,样品中的透辉石晶体呈现一次晶轴和二次晶轴尺寸较大的枝状晶,其一次晶轴尺寸约为 1.2 μm。

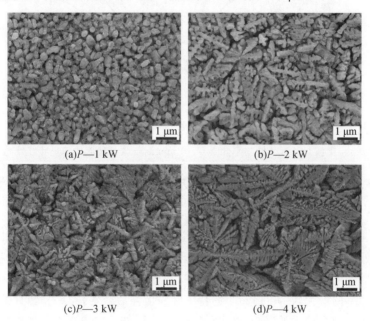

(a)P—1 kW　　　　　　　　(b)P—2 kW

(c)P—3 kW　　　　　　　　(d)P—4 kW

图 4.19　不同微波输出功率下 820 ℃/0 min 制备微晶玻璃的 SEM 图

4.5.4　微波热处理不同输出功率制备的尾矿微晶玻璃红外光谱分析

图 4.20 所示为微波热处理不同输出功率 820 ℃/0 min 制备微晶玻璃样品晶化热处理后的傅里叶红外光谱。从图中可以看出,尾矿微晶玻璃的特征吸收带主要由三部分组成:第一部分在 850 ~ 1 100 cm^{-1} 波数范围内且吸收带强度

大,其中 1 051 cm^{-1} 处的吸收峰由 Si－O－Si 非对称伸缩振动引起;963 cm^{-1} 处的吸收峰为 O－Si－O 非对称伸缩振动引起;866 cm^{-1} 处的吸收峰由 O－Si－O 的对称伸缩振动引起。第二部分在 600 ～ 700 cm^{-1} 波数范围内,此区吸收带为透辉石以链状结构存在的特征吸收峰,在此区中吸收带的数目取决于结构中的 Si－O 链类型数,其中 605 cm^{-1}、632 cm^{-1} 处的吸收峰由 Si－O－Si 对称伸缩振动引起。第三部分在 458 cm^{-1} 处的吸收峰由 M－O 伸缩振动引起,其中 M 代表不同的阳离子。

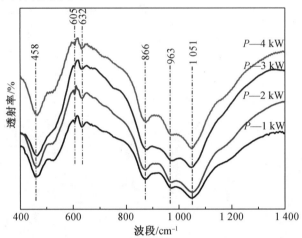

图 4.20　微波热处理不同功率 820 ℃/ 0 min 制备微晶玻璃的傅里叶红外光谱图

4.5.5　微波热处理不同输出功率制备的尾矿微晶玻璃拉曼光谱分析

图 4.21 所示为微波热处理不同输出功率 820 ℃/0 min 制备微晶玻璃样品晶化热处理后的拉曼光谱。由图可知,四组样品的拉曼光谱图形十分相似,其拉曼光谱的主要谱带(cm^{-1})为 999、761、689、658、528、381、324、261。随着微波输出功率的增大,在 689 cm^{-1} 的特征峰先增强后减弱,381 cm^{-1} 处的特征峰逐渐减弱。结合前面的 XRD 和 SEM 可知,不同微波输出功率制备的透辉石晶体,形貌差异较大,故透辉石晶体的分子结构也有明显差异。其中,999 cm^{-1} 具有两个非桥氧键硅氧四面(Q^2);761 cm^{-1} 和 689 cm^{-1} 具有四个非桥氧键硅氧四面体 SiO$_4$(Q^0)Si－O 伸缩振动的拉曼峰;658 cm^{-1} 处为 Si－O－Si 的对称弯曲振动;528 cm^{-1} 处为 O－Si－O 的弯曲振动;381 cm^{-1} 和 324 cm^{-1} 处为 M－O 变形和伸缩,其中 M 代表不同的阳离子;261 cm^{-1} 处为离子激光器的噪音信号。

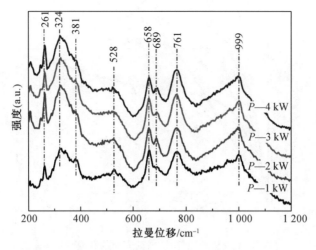

图 4.21　微波热处理不同功率 820 ℃/ 0 min 制备微晶玻璃的拉曼光谱图

4.6　微波热处理辅助介质对尾矿微晶玻璃析晶过程的影响

4.6.1　微波热处理不同辅助介质的升温特性

图 4.22 所示为 5 种微波辅助加热介质与传统热处理的升温情况,由图可以看出,当微波作用于辅助介质时,辅助介质的内部马上开始吸波升温,随着微波作用时间的加长,辅助介质内部的温度逐渐升高。另外,SiC 的升温时间最快,且材料可以重复使用;Fe_2O_3 的升温时间较快,在 200 ℃ 后变化较小,说明其介电性能随温度有相对较小的改变,在实际操作中 Fe_2O_3 经过二次微波烧结后变质,无法重复使用;粉状活性炭和粒状活性炭作为辅助介质时,前 240 ℃ 粒状活性炭的升温速率要比粉状的快但差别很小,在之后粉状活性炭的升温速率要明显比粒状的快,说明随温度升高粉状活性炭比粒状活性炭的吸波能力要强;在图中还可以看出石墨的升温速率在 420 ℃ 后变得很慢,实验过程需要大量的时间;由图中可以看出传统热处理的升温速率基本不发生变化即匀速升温。

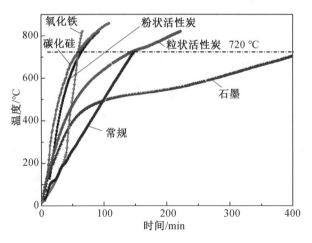

图 4.22　不同微波辅助介质的升温特性

4.6.2　微波热处理不同辅助介质制备的尾矿微晶玻璃析晶类型分析

图 4.23 左为微波热处理不同辅助介质制备微晶玻璃的 XRD 图谱,从图中可以看出,各样品在该工艺下热处理过程中析出大量的透辉石 $(Mg_{0.6}Fe_{0.2}Al_{0.2})Ca(Si_{1.5}Al_{0.5})O_6$(标准卡片号为 72-1379)晶相,不同辅助介质制备的样品各主晶相没有明显的变化,均为透辉石相。图 4.23 右为四组样品 2θ 为 $28°\sim37°$ 的放大图,通过对比各个样品 XRD 主衍射峰的积分强度及衍射

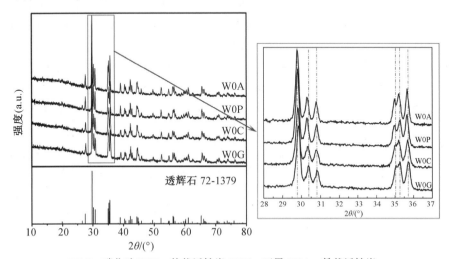

W0G—碳化硅;W0P—粒状活性炭;W0C—石墨;W0A—粉状活性炭

图 4.23　不同微波辅助介质 820 ℃/0 min 制备微晶玻璃的 XRD 图谱

峰位移,发现主晶相的衍射峰强度及衍射峰位移随着微波辅助介质的变化略有移动。这可能是由母玻璃中半径不同的离子相互取代的方式不同所致。

4.6.3　微波热处理不同辅助介质制备的尾矿微晶玻璃显微形貌分析

图 4.24 所示为微波热处理不同辅助介质 820 ℃/0 min 制备微晶玻璃的 SEM 图,从图中可以看出,微波热处理不同辅助介质对微晶玻璃显微形貌的影响较大,以碳化硅为辅助介质时,微晶玻璃的透辉石晶粒呈现枝状晶,如图 4.24(a)所示;以粒状活性炭为辅助介质时,微晶玻璃的透辉石晶体呈短圆棒状晶,并可见尺寸细小的纳米线分布其中,如图 4.24(b)所示;以石墨为辅助介质时,微晶玻璃的透辉石晶体呈棱柱状,如图 4.24(c)所示;以粉状活性炭为辅助介质时,微晶玻璃的透辉石晶体呈类叶状,如图 4.24(d)所示。

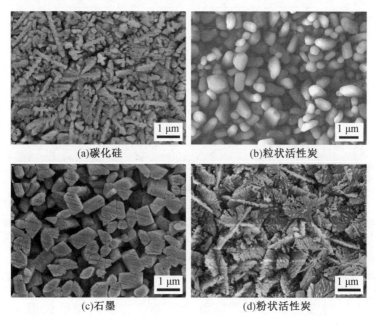

图 4.24　不同微波辅助介质 820 ℃/ 0 min 制备微晶玻璃的 SEM 图

结合图 4.22 所示不同辅助介质的升温特性可看出,不同辅助介质微波热处理的升温特性不同,即四种辅助介质的微波吸收特性不同,使得微波场与材料的相互作用有所不同,导致微晶玻璃析晶过程的温度场不同,温度场的不同会使透辉石晶体形核和长大过程不同,比如透辉石晶体的优先生长面会不同,最终导致透辉石晶体形貌差异较大。

4.6.4 微波热处理不同辅助介质制备的尾矿微晶玻璃红外光谱分析

图 4.25 所示为微波热处理不同辅助介质 820 ℃/0 min 制备微晶玻璃样品的傅里叶红外光谱。从图中可以看出:各样品的红外光谱图形十分相似,各组样品特征谱带主要集中在 1 051 cm⁻¹、963 cm⁻¹、866 cm⁻¹、632 cm⁻¹、605 cm⁻¹和 458 cm⁻¹ 处,辅助介质不同,微晶玻璃样品中基团振动吸收峰位置相同,强度略有不同。其中 1 051 cm⁻¹ 处的吸收峰由 Si－O－Si 非对称伸缩振动引起;963 cm⁻¹ 处的吸收峰为 O－Si－O 非对称伸缩振动引起;866 cm⁻¹ 处的吸收峰由 O－Si－O 的对称伸缩振动引起;632 cm⁻¹ 和 605 cm⁻¹ 处的吸收峰由 Si－O－Si 对称伸缩振动引起;458 cm⁻¹ 处的吸收峰由 M－O 伸缩振动引起,其中 M 代表不同的阳离子。

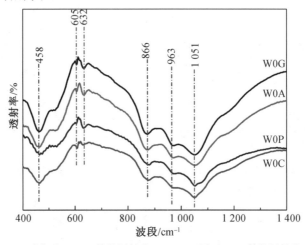

W0G—碳化硅;W0P—粒状活性炭;W0C—石墨;W0A—粉状活性炭

图 4.25 不同微波辅助介质 820 ℃/0 min 制备微晶玻璃的傅里叶红外光谱图

4.6.5 微波热处理不同辅助介质制备的尾矿微晶玻璃拉曼光谱分析

图 4.26 所示为微波热处理不同辅助介质制备微晶玻璃样品的拉曼光谱。从图中可以看出,各样品的拉曼光谱图形十分相似,各组样品特征谱带主要集中在 999 cm⁻¹、961 cm⁻¹、761 cm⁻¹、689 cm⁻¹、658 cm⁻¹、528 cm⁻¹、381 cm⁻¹、324 cm⁻¹ 和 261 cm⁻¹ 处,辅助介质不同,微晶玻璃样品中基团振动吸收峰位置相同,强度略有不同。其中,999 cm⁻¹ 和 961 cm⁻¹ 具有两个非桥氧键硅氧四面体(Q^2);761 cm⁻¹ 和 689 cm⁻¹ 具有四个非桥氧键硅氧四面体 SiO₄(Q^0)Si－O 伸

缩振动的拉曼峰;658 cm^{-1} 处为 Si－O－Si 的对称弯曲振动;528 cm^{-1} 处为
O－Si－O 的弯曲振动;381 cm^{-1} 和 324 cm^{-1} 处为 M－O 变形和伸缩,其中 M
代表不同的阳离子;261 cm^{-1} 处为离子激光器的噪音信号。

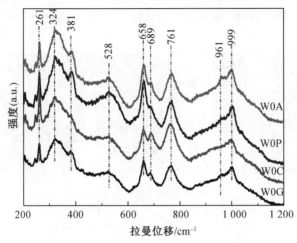

图 4.26　不同微波辅助介质 820 ℃/ 0 min 制备微晶玻璃的拉曼光谱图

4.7　微波热处理过程中新材料的研制

图 4.27 所示为结构梯度微晶玻璃新材料的显微形貌图。这种新材料是利
用微波辅助介质对微晶玻璃显微形貌影响较大的特点,通过对同一样品的不同
部位分层采用不同吸波特性的辅助介质制备而成,该样品的整体析晶制度为
770 ℃/0 min,从图中可以看出,同一材料的不同部位具有不同的显微结构,其
中实物图 4.27(a) 左侧辅助介质为石墨、中侧辅助介质为粒状活性炭、右侧辅助
介质为碳化硅。从图 4.27(b) 中可以看到,其晶体呈现尺寸约为0.6 μm 的棱柱
颗粒状晶体;从图 4.27(c) 中可以看到,其晶体呈现尺寸约为0.8 μm 的圆柱颗
粒状晶体,并且有均匀细小的纳米线分布其中;从图 4.27(d) 中可以看到,其晶
体呈现类叶状晶体。图 4.27(e) 和图 4.27(f) 为梯度材料三种不同组织的过渡
层,从图中可以看到三种组织的过渡有较明显的分界线。该梯度材料的三种显
微形貌与前文中不同辅助介质制备的尾矿微晶玻璃的显微形貌略有差异,这是
由于梯度材料的热处理制度为 770 ℃/0 min,而前文不同辅助介质制备的尾矿
微晶玻璃的热处理制度为 820 ℃/0 min。

在不同辅助介质对尾矿微晶玻璃的实验过程中,我们发现,添加不同的辅
助介质所制备的尾矿微晶玻璃组织结构完全不同。众所周知,材料的结构和性
能存在一一对应的关系,不同的结构对应不同的性能。本书利用微波热处理的

独特优势,通过在同一材料的不同部位采用吸波特性不同的辅助介质,实现了微晶玻璃晶体的可控生长工艺,成功地制备出结构梯度尾矿微晶玻璃新材料,开辟了结构梯度材料制备工艺的新途径。这种新材料可满足某些特殊工况使用要求,亦可根据实际需要进行特殊定制。该新工艺及新材料蕴藏着极大的应用前景。

图 4.27   结构梯度微晶玻璃新材料 SEM 图

4.8   小   结

以固阳铁尾矿和山东金尾矿为主要原料,采用熔融法制备 CMAS 系尾矿微晶玻璃,成功引入微波新能源对尾矿微晶玻璃进行析晶处理,并制备出主晶相为透辉石相的微晶玻璃,同时研究了微波热处理温度、热处理保温时间、微波输出功率、辅助介质对尾矿微晶玻璃析晶行为、晶相种类、显微形貌、晶体结构、力学性能和化学稳定性等方面的影响。

(1)XRD 结果表明,微波热处理工艺最低析晶温度为 620 ℃,主晶相均为透辉石晶体 $(Mg_{0.6}Fe_{0.2}Al_{0.2})Ca(Si_{1.5}Al_{0.5})O_6$(标准卡片号为 72-1379),随着热处理温度的升高,样品的主晶相不发生改变。

(2)SEM 和 TEM 结果表明,微晶玻璃晶体的显微结构受微波热处理工艺

（析晶温度、保温时间、微波功率、微波辅助介质）的影响较大。主晶相透辉石相和玻璃相相互交织，咬合存在。通过对衍射斑点（$\overline{2}00$）和（$\overline{2}21$）进行标定，可确定微晶玻璃析出的主晶相为单斜结构的透辉石晶体。残余玻璃相无晶格条纹，呈现典型的非晶环。当微波热处理温度为 620 ℃、微波输出功率1 kW 时，透辉石晶体呈类球状晶；当热处理温度为 670 ℃、720 ℃、770 ℃，以及微波输出功率为 2～4 kW 时，透辉石晶体呈类叶状结构；当热处理温度为820 ℃ 和 870 ℃ 时，透辉石晶体呈短柱状晶。

（3）不同辅助介质 820 ℃ 处理时透辉石晶体显微形貌完全不同。辅助介质为碳化硅时呈枝状晶、粒状活性炭时呈短棒状晶、石墨时呈棱柱状晶、粉状活性炭时呈类叶状晶体。利用微波热处理的这一独特优势，通过在同一材料的不同部位采用吸波特性不同的辅助介质，实现了微晶玻璃晶体的可控生长工艺，成功制备出结构梯度尾矿微晶玻璃新材料，开辟了结构梯度材料制备工艺的新途径。

（4）FTIR 和 Raman 结果表明，随着热处理温度的升高、保温时间的延长，该系微晶玻璃样品中基团振动特征峰逐渐呈现典型的辉石相红外光谱和拉曼特征峰位移，且特征峰数目增多、强度增加，说明透灰石晶体的析出量逐渐增加，且透辉石晶体结构有序程度、紧密程度及析晶的完整程度增加。另外，该系透辉石的红外光谱谱带（cm^{-1}）为 1 051、963、866、632、605、458。拉曼光谱的主要谱带（cm^{-1}）为 999、761、689、658、528、381、324。

（5）确定综合性能最优的热处理制度为 720 ℃/20 min，所制备的微晶玻璃的密度为 2.97 g/cm^3，抗折强度为 264.62 MPa，硬度为736.15 kg/mm^2，耐酸性为 99.38%，耐碱性为 99.17%。热处理温度为 720 ℃ 时，保温时间对该系透辉石晶体长大过程有显著影响；热处理温度为 820 ℃ 时，保温时间对该系透辉石晶体长大过程影响较小。

第 5 章　微波热处理对尾矿微晶玻璃析晶过程影响的机理探究

5.1　引　　言

通过本章之前的研究可以看出,采用微波热处理制备尾矿微晶玻璃可在较短的时间得到性能较好的材料,但是微波热处理与传统热处理相比究竟有什么优势? 采用微波为热源时,为什么会对尾矿微晶玻璃的析晶过程加速如此明显?

在本章,首先,对微波和传统两种不同加热方式制备的微晶玻璃的组织结构进行比较分析,以确定微波电磁场与材料相互作用带来的优势的量化。 其次,对微波和传统两种不同加热方式制备的微晶玻璃的析晶活化能进行计算。然后,研究了透辉石系尾矿微晶玻璃的高温介电性能,以及尾矿微晶玻璃变频高温微波反射系数,以期揭示微波加速尾矿微晶玻璃的析晶过程的机理。实际反应中,微波加速尾矿微晶玻璃的析晶过程的机理可能更为复杂,但是当玻璃基体中逐渐析出透辉石时,由于高温透辉石具有一定的吸波能力,微波加速透辉石的生长过程是可以肯定的。

5.2　不同热处理方法制备的尾矿微晶玻璃的对比分析

5.2.1　微波热处理与传统热处理制备的尾矿微晶玻璃析晶类型对比

图 5.1 为微波热处理和传统热处理 720 ℃/30 min 制备的微晶玻璃的 XRD 图谱对比图,由图可知,退火玻璃中仅有一个玻璃相特征的馒头峰,不含有任何晶相,说明该体系中基础玻璃配合料完全熔化退火,玻璃样品熔融完全。微波热处理制备的样品(W30D)中已析出大量的晶体,主晶相为透辉石 $(Mg_{0.6}Fe_{0.2}Al_{0.2})Ca(Si_{1.5}Al_{0.5})O_6$(标准卡片号为 72-1379),而传统热处理制备

的样品(C30D)中仍然是一个典型的玻璃相特征的馒头峰,不含有任何晶相。相同的样品同一热处理制度,微波热处理和传统热处理得到的样品的主晶相相差甚远,说明微波电磁场与材料相互作用过程中不仅有热效应,也必有非热效应的作用。

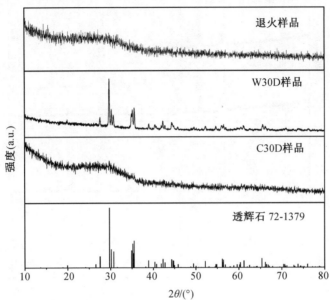

图 5.1　微波热处理和传统热处理 720 ℃/30 min 制备的微晶玻璃的 XRD 图谱对比图

图 5.2 为微波热处理和传统热处理 820 ℃/0 min 制备的微晶玻璃的 XRD 图谱对比图,由图可知,微波法(W0G)和传统法(C0G)制备的样品中均析出大量的晶体,主晶相为透辉石$(Mg_{0.6}Fe_{0.2}Al_{0.2})Ca(Si_{1.5}Al_{0.5})O_6$(标准卡片号为 72-1379),从 2θ 为 25°～40°放大图中可看出,微波法制备的样品(W0G)三强峰相对而传统法(C0G)略向右移,这是由于半径较大的离子代替了半径小的离子,从而导致晶格常数的增小,进而晶面间距 d 变小,导致衍射峰左移。图 5.2 可以证明此时两组样品中发生了不一样的迁移。根据主晶相透辉石相的分子式$(Mg_{0.6}Fe_{0.2}Al_{0.2})Ca(Si_{1.5}Al_{0.5})O_6$ 计算得到,导致晶格常数增大可能的原因是半径较大的 Al^{3+} 取代了半径较小的 Si^{4+};反之,可能是 Fe^{3+} 或 Al^{3+} 取代 Mg^{2+},导致晶格常数变小。

使用 MDI Jade 6.0 进行全谱拟合,选取 2θ 为 27.5° 的特征峰为参考,得到样品的结晶度、峰面积、峰强度,见表 5.1。结果表明,虽然两组样品的主晶相均为透辉石相$(Mg_{0.6}Fe_{0.2}Al_{0.2})Ca(Si_{1.5}Al_{0.5})O_6$,但 W0G 较 C0G 的结晶度较强、峰面积较大、特征峰相对强度较高。

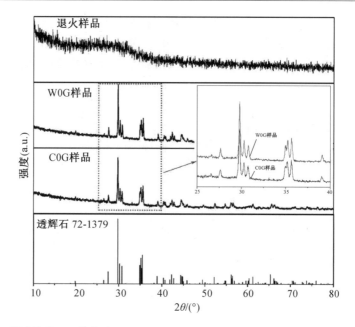

图 5.2　微波热处理和传统热处理 820 ℃/0 min 制备的微晶玻璃的 XRD 图谱对比图

表 5.1　W0G 和 C0G 样品的结晶度、峰面积比率、积分强度对比

样品编号	结晶度 /%	峰面积	相对强度 /%
W0G	92.22	82.62	34.00
C0G	90.04	81.35	33.06

综上所述,微波热处理的样品较传统热处理条件(720 ℃/30 min)具有不同的主晶相,热处理条件为 820 ℃/0 min 时具有相同的主晶相、不同的晶面间距及不同的结晶度,说明微波电磁场与材料相互作用过程中不仅有热效应,也必有非热效应。

5.2.2　微波与传统热处理制备的尾矿微晶玻璃显微形貌对比

图 5.3 所示为微波热处理与传统热处理 720 ℃/30 min 制备的微晶玻璃的 SEM 对比图,其中图 5.3(a) 和(b)分别为传统热处理 720 ℃/30 min(C30D)放大倍数为 1 万倍和 3 万倍的照片,图 5.3(c) 和(d)分别为微波热处理 720 ℃/30 min(W30D)放大倍数为 1 万倍和 3 万倍的照片,从图中可以看出,相同样品,同一热处理工艺,微波热处理与传统热处理方法制备的微晶玻璃的主晶相呈现完全不同的形貌,C30D 样品在此温度下刚刚开始形核,样品形貌呈现大量的细小的微晶体,平均尺寸约为 10 nm。而此时 W30D 样品已形成大量的透辉石晶体,晶体形貌呈现尺寸较小的块状晶体,平均晶体尺寸约为 250 nm。说明

微波热处理的样品较传统热处理具有较快的生长速度。

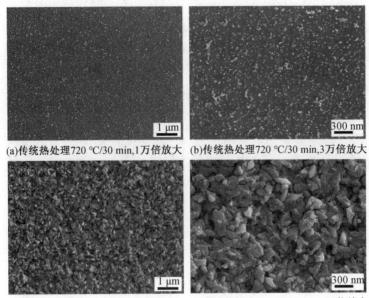

(a)传统热处理720 ℃/30 min,1万倍放大　(b)传统热处理720 ℃/30 min,3万倍放大

(c)微波热处理720 ℃/30 min,1万倍放大　(d)微波热处理720 ℃/30 min,3万倍放大

图 5.3　微波热处理与传统热处理 720 ℃/30 min 制备的微晶玻璃的 SEM 对比图

图 5.4 所示为微波热处理与传统热处理 820 ℃/0 min 制备的微晶玻璃的 SEM 对比图,其中图 5.4(a) 和 图 5.4(b) 分别为传统热处理 820 ℃/0 min(C0G) 放大倍数为 1 万倍和 3 万倍的照片,图 5.4(c) 和 图 5.4(d) 分别为微波热处理 820 ℃/0 min(W0G) 放大倍数为 1 万倍和 3 万倍的照片,从图中可以看出,相同样品、同一热处理工艺,微波热处理与传统热处理方法制备的微晶玻璃的主晶相呈现完全不同的形貌,结合之前的 XRD 结果可知,这两组样品的主晶相均为透辉石相,但从图 5.4(a) 和 图 5.4(c) 中可以看出 C0G 样品的一次晶和二次晶尺寸较 W0G 样品小,表明微波热处理的样品较传统热处理具有较快的生长速度。

综上所述,微波热处理的样品较传统热处理的样品在主晶相晶体形貌上完全不同,且具有较快的生长速度,主要原因可能是微波在一定程度上加速了反应中离子的扩散速率。Aravindan 和 Bykov 等之前的工作也说明在玻璃的热处理过程中,微波热处理较传统热处理反应过程得到加速,其原因是微波电磁场的作用使得升温速率加快。以上研究说明微波电磁场与材料相互作用过程中不仅有热效应,也有非热效应的作用。

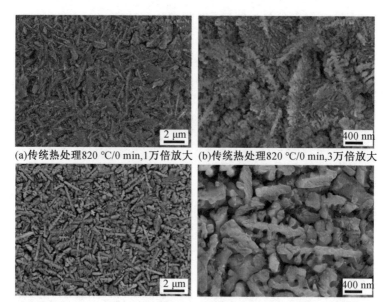

(a)传统热处理820 ℃/0 min,1万倍放大　(b)传统热处理820 ℃/0 min,3万倍放大

(c)微波热处理820 ℃/0 min,1万倍放大　(d)微波热处理820 ℃/0 min,3万倍放大

图 5.4　微波热处理与传统热处理 820 ℃/0 min 制备的微晶玻璃的 SEM 对比图

5.2.3　微波热处理与传统热处理制备的尾矿微晶玻璃红外光谱对比

图 5.5 所示为相同组分的微晶玻璃退火玻璃样品在分别经过微波热处理和传统热处理720 ℃/30 min 晶化热处理后制备的微晶玻璃的傅里叶红外光谱对比图。从图中可以看出:当传统热处理制度为 720 ℃/30 min(C30D) 时,样品特征吸收峰数量较少,只有 1 051 cm^{-1} 和 458 cm^{-1} 处有吸收峰,在 800 ～ 1 200 cm^{-1} 范围是一个较宽的包络线,其反映了玻璃体的长程无序结构。而微波热处理 720 ℃/30 min(W30D) 制备的微晶玻璃具有较多特征峰,且特征峰强度增加,特征峰主要集中在:1 051 cm^{-1}、963 cm^{-1}、866 cm^{-1}、632 cm^{-1}、605 cm^{-1} 和 458 cm^{-1} 处,其中 1 051 cm^{-1} 处的吸收峰由 Si－O－Si 非对称伸缩振动引起;963 cm^{-1} 处的吸收峰为 O－Si－O 非对称伸缩振动引起;866 cm^{-1} 处的吸收峰由 O－Si－O 的对称伸缩振动引起;605 cm^{-1} 和 632 cm^{-1} 处的吸收峰由 Si－O－Si 对称伸缩振动引起;458 cm^{-1} 处的吸收峰由 M－O 伸缩振动引起,其中 M 代表不同的阳离子。

图 5.6 所示为相同组分的微晶玻璃退火玻璃样品在分别经过微波热处理和传统热处理820 ℃/0 min 晶化热处理后制备的微晶玻璃的傅里叶红外光谱对比图。从图中可以看出:微波热处理(W0G)和传统热处理(C0G)制备的样

品的特征吸收峰峰形相似,峰位相同,峰强略有不同,其特征峰谱带均呈现典型的辉石的特征谱带,主要谱带集中在:1 051 cm^{-1}、963 cm^{-1}、866 cm^{-1}、632 cm^{-1}、605 cm^{-1} 和 458 cm^{-1} 处,其中 1 051 cm^{-1} 处的吸收峰由 Si—O—Si 非对称伸缩振动引起;963 cm^{-1} 处的吸收峰由 O—Si—O 非对称伸缩振动引起;866 cm^{-1} 处的吸收峰由 O—Si—O 的对称伸缩振动引起;605 cm^{-1} 和 632 cm^{-1} 处的吸收峰由 Si—O—Si 对称伸缩振动引起;458 cm^{-1} 处的吸收峰由 M—O 伸缩振动引起,其中 M 代表不同的阳离子。

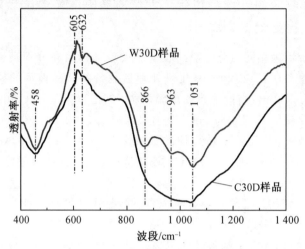

图 5.5　微波热处理与传统热处理 720 ℃/30 min 制备的微晶玻璃
　　　　的傅里叶红外光谱对比图

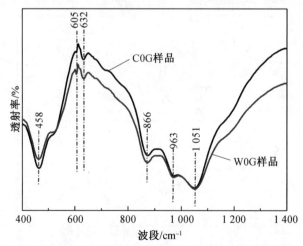

图 5.6　微波热处理与传统热处理 820 ℃/0 min 制备的微晶玻璃
　　　　的傅里叶红外光谱对比图

综上所述,微波热处理 720 ℃/30 min 的样品(W30D)较传统热处理(C30D)具有较多的特征峰数目,以及较强的特征峰强度;微波热处理 820 ℃/0 min 的样品(W0G)较传统热处理(C0G)的样品其特征吸收峰峰形相似,峰位相同,但峰强略有不同,说明微波热处理与传统热处理的微晶玻璃样品的透灰石晶体的析出量不同,透辉石晶体结构有序程度、紧密程度及析晶的完整程度不同。

5.2.4 微波热处理与传统热处理制备的尾矿微晶玻璃拉曼光谱对比

图 5.7 所示为相同组分的微晶玻璃退火玻璃样品在分别经过微波热处理和传统热处理 720 ℃/30 min 晶化热处理后制备的微晶玻璃的拉曼光谱对比图。从图中可以看出:当传统热处理温度为 720 ℃/30 min(C30D)时,样品特征吸收峰数量较少,只有 688 cm⁻¹ 处有吸收峰,在 800 ~ 1 200 cm⁻¹ 范围是一个较宽的包络线,其反映了玻璃体的长程无序结构。而微波热处理 720 ℃/30 min(W30D)制备的微晶玻璃具有较多特征峰,且特征峰强度增加,特征峰主要集中在 999 cm⁻¹、761 cm⁻¹、689 cm⁻¹、658 cm⁻¹、324 cm⁻¹ 和 261 cm⁻¹ 处,其中 999 cm⁻¹ 处的特征峰为具有两个非桥氧键硅氧四面体 SiO_4(Q^2)的 Si—O 伸缩振动引起的拉曼峰;761 cm⁻¹ 和 689 cm⁻¹ 为具有四个非桥氧键硅氧四面体 SiO_4(Q^0)的 Si—O 伸缩振动的拉曼峰;658 cm⁻¹ 处为 Si—O—Si 的对称弯曲振动引起的拉曼峰;324 cm⁻¹ 处的吸收峰由 Si—O—Si 对称伸缩振动引起;324 cm⁻¹ 处为 M—O 变形和伸缩引起的拉曼峰,其中 M 代表不同的阳离子。

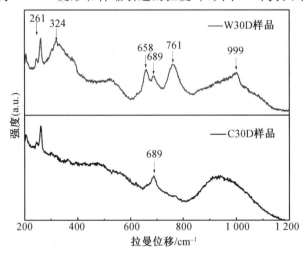

图 5.7 微波热处理与传统热处理 720 ℃/30 min 制备的微晶玻璃的拉曼光谱对比图

图 5.8 所示为相同组分的微晶玻璃退火玻璃样品在分别经过微波热处理和传统热处理 820 ℃/0 min 晶化热处理后制备的微晶玻璃的拉曼光谱对比图。从图中可以看出：微波热处理（W0G）和传统热处理（C0G）制备的样品的特征峰谱带略有不同，微波热处理温度为 820 ℃/0 min（W0G）时，样品特征谱带集中在：997 cm^{-1}、766 cm^{-1}、689 cm^{-1}、660 cm^{-1}、380 cm^{-1}、324 cm^{-1} 和 261 cm^{-1} 处；而传统热处理温度为 820 ℃/0 min（C0G）时，样品特征谱带集中在：997 cm^{-1}、766 cm^{-1}、689 cm^{-1}、661 cm^{-1}、324 cm^{-1} 和 261 cm^{-1} 处。二者虽均为典型的透辉石特征谱带，但其峰形差异较大，主要体现在以下三方面：第一，其特征谱带数目不同，W0G 样品有 7 个峰，而 C0G 样品有 6 个峰，其中 380 cm^{-1} 的特征峰只出现在微波热处理（W0G）样品中。第二，特征峰的位移不同，C0G 样品在 689 cm^{-1} 处为具有四个非桥氧键硅氧四面体 SiO$_4$（Q^0）的 Si—O 伸缩振动引起的拉曼峰；在 W0G 样品中发生了红移，其峰位出现在 686 cm^{-1} 处，且峰强变弱。第三，特征峰强度不同，W0G 样品中，除 686 cm^{-1} 处的特征峰峰强变弱之外，其余特征峰强度均比 C0G 样品强度大。

综上所述，微波热处理的样品较传统热处理的样品具有不同的拉曼谱带，说明微波热处理与传统热处理的微晶玻璃样品的透灰石晶体分子结构不同。这是由于在微波场作用下，可能会引起反应过程中原子扩散过程的不同。

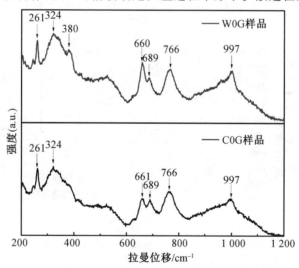

图 5.8　微波热处理与传统热处理 820 ℃/0 min 制备的微晶玻璃的拉曼光谱对比图

5.2.5　微波与传统热处理制备的尾矿微晶玻璃理化性能对比

以上对比了微波热处理与传统热处理两种方法制得的微晶玻璃样品的物相组成、显微形貌、分子结构,下面进一步对比两种方法微晶玻璃样品的理化性能,以具体说明微波热处理优势。如图 5.9(a)~(h)分别为微波热处理和传统热处理不同温度下制备的尾矿微晶玻璃样品的密度、抗折强度、硬度、剪切模量、弹性模量、耐酸性、耐碱性及晶粒尺寸的对比分析图。从图中可知各温度下,微波热处理的微晶玻璃样品其力学性能总体趋势明显优于传统热处理。

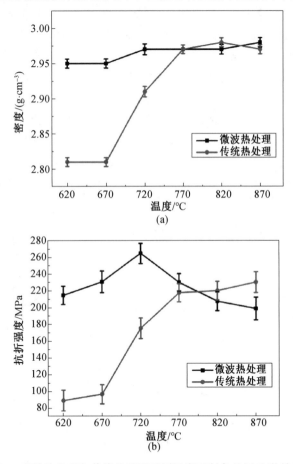

图 5.9　微波热处理与传统热处理不同温度下制备的尾矿微晶玻璃的理化性能对比图

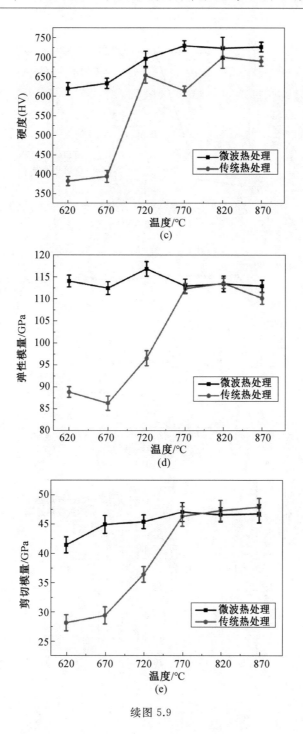

续图 5.9

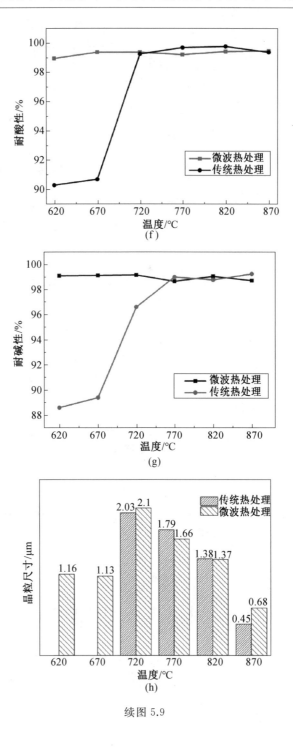

续图 5.9

微晶玻璃的力学性能取决于其组成和结构,微晶玻璃中晶相和玻璃相的组成及相互比例将影响玻璃的性能,一般都认为,结晶数量多一些有利于提高微晶玻璃的机械强度、硬度、耐磨性及化学稳定性。 从前文的 XRD、SEM、FTIR 和 Raman 分析可知,两种热处理方法制备的微晶玻璃的物相组成相、显微形貌及分子结构等方面均有所不同,所以不难理解其力学性能差异较大的事实。 由前文分析可知,微波热处理较传统热处理晶体不但具有较快的生长速度,而且可以获得优异的晶体的结构,从而使微晶玻璃获得一系列优越性能,这是微波热处理得到的材料力学性能优于传统热处理的主要原因。

5.3　微波热处理微晶玻璃析晶过程机理探讨

5.3.1　微波场对微晶玻璃析晶活化能的影响

如图 5.10 和图 5.11 所示,分别为传统热处理和微波热处理不同温度、不同保温时间制备的微晶玻璃 SEM 图,该组实验的目的是寻找用不同方法得到相

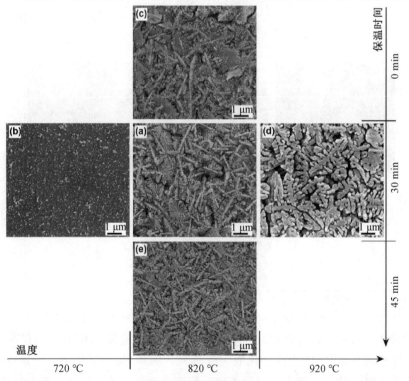

图 5.10　传统热处理不同温度、不同保温时间制备的微晶玻璃 SEM 图

同组织结构的微晶玻璃的具体工艺制度,以便对微波效应对材料的影响进行量化分析。从图中可以看出,传统热处理制备的微晶玻璃相比微波热处理制备的微晶玻璃,其组织结构较稳定,传统热处理 820 ℃ 保温不同时间的显微结构十分相似,而微波热处理制度为 720 ℃/0 min 时的组织结构与传统热处理制度为 820 ℃/30 min 时得到的样品组织结构十分相似,传统析晶过程需要在 820 ℃/30 min 的热处理制度下达到微波炉烧结 720 ℃、保温 0 min,马弗炉的功率都是 6 kW,而从室温升高到 820 ℃,通常情况下升温速率约为 4 ℃/min,需要 205 min,再加上保温时间,那么整个烧结过程将会持续 235 min。而使用微波热处理时,若加热功率为 6 kW,升温到 720 ℃ 的时间一般约为 12 min,保温 0 min,微波热处理相比传统热处理温度可降低 100 ℃,节约热处理时间 223 min。由此可见:微波热处理可以在很短的时间内及节省大量能耗的情况下,制得和传统热处理具有相同的结构和性能的样品。

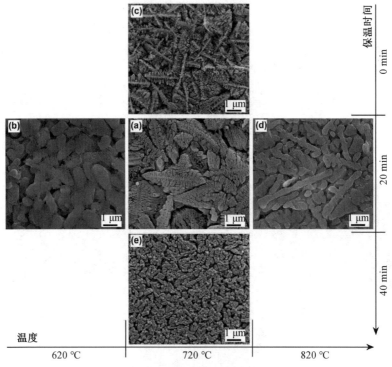

图 5.11　微波热处理不同温度、不同保温时间制备的微晶玻璃 SEM 图

玻璃态向晶态转化时,需具有一定的活化能以克服结构单元重排时的势垒。势垒越高,所需的析晶活化能也就越大。因此,析晶活化能在一定程度上反映了玻璃析晶能力的大小。为了定量研究传统和微波热处理的析晶特性,利用 Arrhenius 方程对传统热处理和微波热处理进行了析晶活化能的定量计算,

其方程推出如下关系式：

$$\ln \alpha = -\frac{E}{R} \cdot \frac{1}{T_p} + \ln A \qquad (5.1)$$

式中，α 为升温速率；T_p 为热力学峰温度；A 为常数。

由式(5.1)可知：$\ln \alpha$ 对 $1/T_p$ 作图应为直线，斜率为 $-E/R$，由此可得析晶活化能 E。

表 5.2 给出了传统热处理和微波热处理不同升温速率对应的析晶放热峰，由 Arrhenius 方程做出 $\ln \alpha - 1/T_p$ 图，如图 5.12 和图 5.13 所示，其相应斜率乘以气体常数即为 E。可以看出，传统热处理的 E 为 375.7 kJ/mol，微波热处理的 E 为 214.9 kJ/mol，说明微波电磁场可降低微晶玻璃的析晶活化能。

表 5.2　传统和微波不同升温速率的放热峰 T_p 和析晶活化能 E

传统热处理	$T_p/℃$				$E/(\text{kJ} \cdot \text{mol}^{-1})$
	5 ℃/min	10 ℃/min	15 ℃/min	20 ℃/min	375.7
	850.4	871.5	879.0	890.6	
微波热处理	$T_p/℃$				$E/(\text{kJ} \cdot \text{mol}^{-1})$
	12 ℃/min	18 ℃/min	25 ℃/min	30 ℃/min	214.9
	750.4	771.5	779.0	790.6	

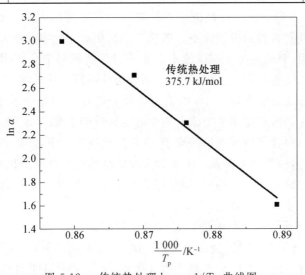

图 5.12　传统热处理 $\ln \alpha - 1/T_p$ 曲线图

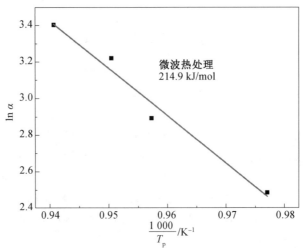

图 5.13　　微波热处理 $\ln \alpha - 1/T_{\mathrm{p}}$ 曲线图

5.3.2　微晶玻璃高温微波介电性能对其析晶过程的影响

介质在外加电场时会产生感应电荷而削弱电场,原外加电场与介质中电场的比值即为相对介电常数,又称诱电率,与频率相关。介电常数是相对介电常数与真空中绝对介电常数的乘积,它是表示绝缘能力特性的一个系数,以字母 ε 表示。物质本身的介电特性决定着微波场对其作用的大小。根据物质的介电常数可以判别材料的极性大小。极性分子的相对介电常数较大,同微波有较强的耦合作用,非极性分子同微波不产生或只产生较弱耦合作用。另外,介电常数愈小绝缘性愈好,介电常数随分子偶极矩和可极化性的增大而增大。介电损耗是指电介质在交变电场中,由于消耗部分电能而使电介质本身发热的现象。介质损耗是所有应用于交流电场中的电介质的重要品质指标之一,产生的原因是电介质中含有能导电的载流子,在外加电场作用下,产生导电电流,消耗掉一部分电能,转为热力学能。本实验采取改变测试温度和测试频率来测试各样品的介电常数和介电损耗值,如果有高介电常数的材料放在电场中,电场的强度会在电介质内有可观的下降。

图 5.14 所示为本书所研究 CAMS 系微晶玻璃的介电常数和介电损耗因子在 2.45 GHz 条件下随温度变化关系图。由图可知,室温下,各样品在 2.45 GHz 下相对介电常数约为 6.8,介电损耗因子大约为 0;随着温度的升高,样品的相对介电常数及介电损耗因子均逐渐增大。在室温至 600 ℃ 之间,样品的相对介电常数和介电损耗因子均呈缓慢增大趋势;在 600 ℃ 时其相对介电常数和介电损耗因子值分别为 7.7 和 0.024;在 600 ~ 980 ℃ 之间,样品的相对介电常数和介电损耗因子快速增大;在 980 ℃ 时相对介电常数和介电损耗因子值分别为

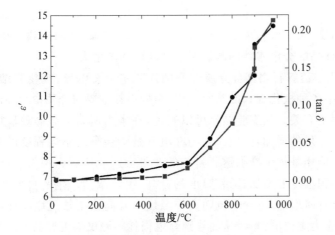

图 5.14　CAMS 系微晶玻璃的介电常数和介电损耗因子在 2.45 GHz
条件下随温度变化关系图

14.5 和 0.22。

　　结合前文的研究可知,随着温度的升高,样品中逐渐由单一的玻璃相中析
出透辉石晶体,且随着温度的升高,透辉石相的含量逐渐增加,使得样品的相对
介电常数和介质损耗均呈现不同程度的增大。本书所研究的微晶玻璃体系中
主要存在玻璃相－透辉石相复合介质体系,玻璃相的结构单元是以 SiO_2 为主
形成的、无规则的空间网络,Si、O 等均为多价原子,相互之间联系紧密,但由于
该组成中含有少量联系较弱的碱金属离子,除少数链端可能附有极性基团外,
整个分子链是完全对称的分子,分子不具有极性。因此玻璃相的极化形式只有
电子极化。电子极化介质的相对介电常数与电子极化率的关系符合克劳修斯
－莫索蒂方程:

$$(X'_r - 1)/(X'_r + 2) = MT/X_0 \qquad (5.2)$$

式中,M、T 分别为聚合物基本结构单元链节的分子量和电子极化率,X'_r 为相
对介电常数;X_0 为真空介电常数。介质中透辉石相基本结构是以 SiO_2 为主形
成的具有规则单链的单斜结构空间结构网,其负离子团结构单元为$(Si_2O_6)^{4-}$,
Si 和 O 均为多价原子,相互之间联系紧密,但由于该结构中含有大量联系较强
的碱金属离子,如 Ca^{2+}、Fe^{3+}、Mg^{2+} 等,整个分子链是不完全对称的分子,使透
辉石分子具有极性,因此透辉石的极化形式兼有偶极子极化、电子极化、离子位
移与松弛极化四种形式。

　　在玻璃相和透辉石相复合的界面,由于构成界面的两相材料在极化方式、
极化率、电导率、密度、表面能量、表面化学状态与表面吸附杂质及表面缺陷等
方面存在差异,界面成为自由电荷(如间隙离子、空位、电子等)运动的障碍,使

得自由电荷缓慢积聚,从而在界面形成空间电荷区,即产生宏观空间电荷极化。随着温度不断升高,离子和偶极子的热运动加强,从而导致介质极化度增大,所以各样品的介电常数随测试温度升高而逐渐增大。

玻璃相－透辉石相复合介质体系的损耗主要有电导、极化和结构三种损耗,其中质中各种极化方式的共同作用,结构损耗主要与介质中存在的空隙、缺陷等结构因素有关。从实验结果可以知道,在本书所研究微晶玻璃体系中,随着透辉石相含量的增加,介质损耗与介电常数均会呈现不同程度的上升,其原因便是在玻璃相基体中增加透辉石相的含量会造成透辉石相与玻璃相界面空间电荷区体积浓度的增加,随着温度的升高,由热激活产生的自由载流子引起的电导电流有所增加,电导电流随介质温度的升高按指数规律增加,当温度足够高时,将成为主要的损耗,从而导致介电损耗随测试温度升高而增大。

频率为 2.45 GHz 时,随着温度的升高,微波的介电常数和介电损耗逐渐增加,使得材料对微波的吸收逐渐增强,材料与微波的耦合程度逐渐增强,这可能就是微波加速尾矿微晶玻璃析晶过程的主要原因。

5.3.3　微晶玻璃变频高温微波吸收特性

吸波材料的反射率值可用来评价材料的吸波性能,如果从外界发射来的电磁波的入射功率为 P_λ,投射到材料上经吸收衰减后又反射出来的功率为 P_r,那么,微波吸收材料的功率反射率 $R_P = P_r / P_\lambda$。同理,电压反射率 $R_v = V_r / V_\lambda$,而 $R_P = R_v^2$,其中,R_P 表示微波吸收材料的反射率,V_r 表示材料经吸收衰减后的电压反射系数,V_λ 表示外界发射来的电磁波的电压入射系数。本实验采用波导系统测试方法(波导横截面尺寸为 72 mm × 34 mm) 测量材料的反射系数 V_r,先将连接电缆与波导腔接上进行传输校准,再将试样放入波导腔中,此时入射信号经过试样后得到测试值,与校准信号比较后即为试样的衰减效果,材料的微波衰减测试仪器为北京无线电计量测试研究院生产的高温微波介电测量系统,测试仪表:美国安捷伦 E5071 网络分析仪(Agilent Technologies Inc.)。

图 5.15 和图 5.16 为微晶玻璃不同温度下的反射系数随测试频率在 2.45 ～ 3.95 GHz 和 5.75 ～ 8.25 GHz 变化关系图。由图 5.15 可知在变频范围为 2.45 ～ 3.95 GHz,720 ℃ 以下时,各温度下反射系数均较大,其值范围为 0.9 ～ 1;随着测试频率的变化,样品的反射系数略有减小。当温度达到 820 ℃ 时,样品在 2.45 ～ 3.95 GHz 的反射系数明显下降,为 0.7 ～ 0.8;随着测试频率的增加,样品在该温度显著下降,尤其在频率为 3.95 GHz 时,反射系数约为 0.2。其变化原因:组成微晶玻璃的复合介质玻璃相、陶瓷颗粒分别以电子极化和偶极子极化为主,虽然温度对电子极化率的作用很小,但偶极子极化对温度升高反

应敏锐,温度升高时,使得各组成分子热运动加剧,极化强度增加,因而复合介质反射系数逐渐减小,材料对微波的吸收逐渐增强。由图 5.16 可知,在频率为 5.75 ~ 8.25 GHz,随着测试频率的变化,各温度下各样品的反射系数呈现抛物线状,其反射系数有最小值;620 ℃ 以下,各样品在该频段下其值为 0.6 ~ 1,各样品吸收非常小;在 870 ℃ 时,样品在 7 GHz 左右的反射系数急剧下降,约为 0,即微波几乎被全部吸收。

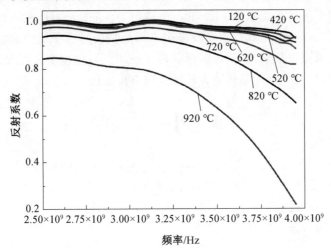

图 5.15　微晶玻璃不同温度下的反射系数在测试频率为 2.45 ~ 3.95 GHz 变化关系图

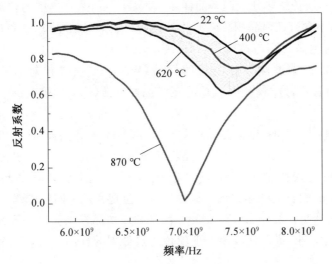

图 5.16　微晶玻璃不同温度下的反射系数在测试频率 5.75 ~ 8.25 GHz 变化关系图

　　根据反射率及反射系数概念的阐述可知,微波反射系数可评价材料的吸波性能,当发射来的电磁波的电压入射系数经过校准后,其值可视为1,那么,反射系数越小,微波吸收材料的发射率越小,材料晶吸收衰减后的反射功率越小,则微波进入加热物体的能量就越多。

　　综合以上分析:① 随着温度及频率的升高,微波的反射系数逐渐降低,则材料对微波的吸收逐渐增强,材料与微波的耦合程度逐渐增强,这可能就是微波非热效应产生的主要原因。② 在 870 ℃ 时,样品在 7 GHz 左右的反射系数急剧下降,即 $R \approx 0$,则此时当微波场进入微晶玻璃时几乎被全部吸收。根据这一实验结果可以猜想,该系尾矿微晶玻璃在 870 ℃ 温度下采用频率为7 GHz的微波辐照时,可实现微晶玻璃无辅助介质直接晶化。

5.4　小　　　结

　　通过对微波与传统一步法在 720 ℃/30 min 和 820 ℃/0 min 热处理条件下的物相组成、晶体结构、显微形貌和力学性能的影响规律对比分析,并对尾矿微晶玻璃的变频高温介电性能进行分析,探讨了微波效应对尾矿微晶玻璃的影响规律及其作用机理。得到结论如下:

　　①XRD 结果表明,微波热处理 720 ℃/30 min 制备的样品(W30D)中已析出大量的晶体,主晶相为透辉石$(Mg_{0.6}Fe_{0.2}Al_{0.2})Ca(Si_{1.5}Al_{0.5})O_6$(标准卡片号为 72-1379),而传统热处理制备的样品(C30D)中仍然是典型的玻璃相特征的"馒头"峰,不含有任何晶相。微波热处理和传统热处理 820 ℃/0 min 制备的微晶玻璃其主晶相均为透辉石$(Mg_{0.6}Fe_{0.2}Al_{0.2})Ca(Si_{1.5}Al_{0.5})O_6$(标准卡片号为 72-1379),但微波热处理制备的样品(W0G)三强峰相对而传统热处理(C0G)略向右移,另外,W0G 较 C0G 的结晶度较强、峰面积较大、特征峰相对强度较高。

　　②SEM 结果表明,微波热处理 720 ℃/30 min 制备的样品(W30D)中已形成大量的小块状晶透辉石相,而传统热处理制备的样品(C30D)中仅仅呈现大量的小晶核均匀弥散分布在玻璃相基体上。微波热处理和传统热处理 820 ℃/0 min 制备的微晶玻璃的显微形貌均呈现完全不同的透辉石晶体形貌,且传统热处理制备的样品(C0G)的一次晶和二次晶较微波热处理制备的样品(W0G)尺寸较小,说明微波热处理较传统热处理的样品具有较快的晶体生长速度。

　　③ 该系透辉石的红外光谱谱带(cm^{-1})为 1 051、963、866、632、605、458。FTIR 结果表明,微波热处理 720 ℃/30 min 的样品(W30D)较传统热处理

(C30D)具有较多的特征峰数目,以及较强的特征峰强度;微波热处理820 ℃/0 min的样品(W0G)较传统热处理(C0G)的样品其特征吸收峰峰形相似,峰位相同,但峰强略有不同;说明微波热处理与传统热处理的微晶玻璃样品的透灰石晶体的析出量不同,透辉石晶体结构有序程度、紧密程度及析晶的完整程度不同。该系透辉石拉曼光谱的主要谱带(cm^{-1})为 999、761、689、661、380、324、261。Raman 结果表明,微波热处理的样品较传统热处理的样品具有不同的拉曼谱带,说明微波热处理与传统热处理制备的微晶玻璃样品的透灰石晶体分子结构不同。

④ 对微波热处理与传统热处理的微晶玻璃样品的理化性能进行对比分析,实验结果发现:各温度下,微波热处理的微晶玻璃样品其力学性能总体趋势明显优于传统热处理。

⑤ 微波热处理可以在很短的时间及节省大量能耗的情况下,制得和传统热处理具有相同晶体结构和性能的样品。微波热处理相比传统热处理温度可降低100 ℃,节约热处理时间223 min。利用 Arrhenius 方程对传统和微波热处理进行了析晶活化能的定量计算,得到传统热处理的 E 为 375.7 kJ/mol,微波热处理的 E 为 214.9 kJ/mol,说明微波电磁场可降低微晶玻璃的析晶活化能。

⑥ 频率为 2.45 GHz 时微晶玻璃的相对介电常数和介电损耗随温度的升高而增大,使得材料对微波的吸收逐渐增强,材料与微波的耦合程度逐渐增强,这可能就是微波加速尾矿微晶玻璃析晶过程的主要原因。

⑦ 微晶玻璃样品的反射系数随测试频率在 2.45～3.95 GHz 变化呈现逐渐下降的趋势;在测试频率为 5.75～8.25 GHz 随着测试频率的变化,各温度下各样品的反射系数呈现抛物线状,其反射系数有最小值,其中在 870 ℃ 时,样品在7 GHz 左右的反射系数急剧下降,约为 0,即为全吸收。随着温度及频率的升高,微波的反射系数逐渐降低,则材料对微波的吸收逐渐增强,材料与微波的耦合程度逐渐增强,这可能就是微波非热效应产生的主要原因。

第6章 微波热处理过程中特殊元素对微晶玻璃结构和性能的影响

6.1 引　言

　　基础玻璃的化学组成对玻璃的析晶,以及最终形成的微晶玻璃材料结构、性质、功能有至关重要的作用。它是引起玻璃受控析晶的内因。从相平衡观点出发,一般玻璃系统中成分愈简单,则在熔体冷却至液相线温度时,化合物各组分相互碰撞排列成一定晶格的概率愈大,这种玻璃也愈容易析晶。

　　稀土微晶玻璃是在氧化物玻璃基础上通过添加稀土化合物制成的一种多组分、多物相材料系统。因此,稀土微晶玻璃一方面继承了普通氧化物微晶玻璃因氧化物组分固溶而导致的对组分要求宽泛、高硬度、高耐磨性、高化学稳定性等特点;另一方面,组分及物相的多样化也为稀土微晶玻璃的改性及性能开发奠定了坚实的基础。添加少量稀土氧化物或其他稀土功能化合物后,不仅会改善微晶玻璃原有的性能,而且可能使其具有特殊的电学或光学等功能特性。一般情况下,由于铌离子和稀土离子具有高配位数、高场强及高电荷的特点,其在微晶玻璃中或会固溶到微晶玻璃的晶相中,或会存在于残余玻璃相中,或会与基础玻璃反应生成新相,可影响微晶玻璃的高温黏度、析晶行为和显微结构等。本课题组利用氧化物间易固溶、易化合的特性,以成分更加复杂的二次选后尾矿和粉煤灰这两种工业废弃物为主要原料,制备出性能优良的微晶玻璃制品;其硬度、强度和耐酸(碱)度均优于类似组分不含稀土的微晶玻璃制品。然而,稀土在微晶玻璃中的作用形式和机理本身十分复杂。在一个具体的研究中,已有规律仅能提供参考。稀土在特定微晶玻璃中的作用规律和机理只能根据具体情况来制定合适的研究方案进行具体分析。目前,对传统热处理时,稀土氧化物对微晶玻璃析晶情况、玻璃熔体、晶相种类、显微形貌、晶体结构、力学性能、热学性能和化学稳定性等方面做了较全面的研究,但是微波场作用下,稀土氧化物对微晶玻璃析晶过程的研究却鲜有报道。

　　本章将研究微波热处理过程中特殊成分(Nb_2O_5、La_2O_3、CeO_2 和混合稀土)对微晶玻璃析晶情况、晶相种类、显微形貌、晶体结构、力学性能和化学稳定性等方面的影响,以期揭示微波场作用下稀土元素在其中的影响规律,为材料的性能优化奠定理论基础。

6.2　Fe_2O_3 对微晶玻璃结构及性能的影响

6.2.1　基础玻璃配方及样品制备

本实验在前文研究的基础上,再外添不同含量的 Fe_2O_3,研究不同含量的 Fe_2O_3 对微晶玻璃结构与性能的影响。本书除固阳铁尾矿和山东金尾矿之外,其余均用化学纯引入,其中包含:质量分数为 57.4% 的固阳铁尾矿、质量分数为 19.3% 的山东金尾矿、质量分数为 11.8% 的 SiO_2、质量分数为 2.9% 的 Al_2O_3、质量分数为 4.2% 的 CaO、质量分数为 1.3% 的 MgO、质量分数为 2.8% 的 Na_2CO_3 和质量分数为 0.3% 的 Cr_2O_3,再外添质量分数为 0 ~ 20% 的 Fe_2O_3,获得 CMAS 系微晶玻璃的基础玻璃化学组成见表 6.1。

表 6.1　基础玻璃化学组成(质量分数)　　　　　　　　%

样品编号	SiO_2	Al_2O_3	CaO	MgO	R_2O	Cr_2O_3	Fe_2O_3
F0	49.50	8.20	17.50	3.90	4.40	0.30	6.90
F1	49.50	8.20	17.50	3.90	4.40	0.30	11.40
F2	49.50	8.20	17.50	3.90	4.40	0.30	15.90
F3	49.50	8.20	17.50	3.90	4.40	0.30	20.40
F4	49.50	8.20	17.50	3.90	4.40	0.30	24.90

注:表中 R 代表未知元素,R_2O 为 Na_2O 或 K_2O,下文同。

根据上述组分的质量比进行计算并配料,配料后经球磨机混合均匀置于刚玉坩埚中,在高温马弗炉中按图 3.5 所示的升温制度加热到 1 450 ℃、保温 3 h 进行熔融。然后,一小部分玻璃液淬水用于 DSC 检测,其余玻璃液浇筑到 40 mm × 60 mm × 8 mm 的铁质模具中成型,成型后立即将样品放于 610 ℃ 马弗炉内退火 3 h,随炉冷却至室温以消除样品中的残余应力。退火后,根据 DSC 分析结果及经验确定的析晶热处理制度进行微波晶化热处理,最终得到微晶玻璃试样。

6.2.2　DSC 分析

图 6.1 所示为添加质量分数为 0 ~ 20% 的 Fe_2O_3 基础玻璃的 DSC 曲线。从图 6.1 可知,F0 样品的吸热峰即玻璃转变温度(T_g)的峰位并不是很明显,大约出现在 691 ℃ 附近,这种玻璃在热处理时不易发生软化变形,结晶程度好,晶

粒较细。随着 Fe_2O_3 含量的增加,该吸热峰明锐程度略有增强,吸热峰出现的温度也逐渐由 691 ℃ 降低到 663 ℃;同时,放热峰即析晶峰(T_c)出现的温度逐渐由 883 ℃ 降低到 845 ℃;差热曲线中的晶化峰值温度与样品中的晶核数目有关,当晶核数目增加时,晶化峰值温度降低。有文献报道,当碱金属离子或碱土金属离子大量存在时,Fe^{3+} 会代替 Al^{3+} 形成[FeO_4]四面体加入硅氧网络中。由于 Fe—O 的键能(397.48 kJ/mol)比 Al—O(420.00 kJ/mol)和 Si—O(445.20 kJ/mol)的键能小,[FeO_4]四面体在玻璃中不稳定,热处理过程将一部分的 Fe—O 断裂,则玻璃的黏度降低,从而提高该系微晶玻璃核化效率,使得玻璃中形成更多的晶核,降低了玻璃析晶峰温度,促进玻璃析晶,导致玻璃转变温度和析晶温度都减小。另外,玻璃析晶峰尖锐程度和面积表征材料的结晶能力及结晶放热量的大小,从图 6.1 中可以看出,F1 样品在 878 ℃ 处有一个较强的析晶峰,析晶峰面积较大,说明晶化过程中放热量较大,易得到结晶度较高的微晶玻璃;随着 Fe_2O_3 含量的增加,样品的结晶能力和结晶放热量的大小呈现先增大后减小趋势。由于本研究中的五组试样,除 Fe_2O_3 含量外,基础玻璃组成及热处理制度完全相同,则微晶玻璃的析晶特性的变化主要由试样中 Fe_2O_3 的含量决定。由微晶玻璃形核动力学可知,高温熔融态下母体玻璃中存在的大量的 Fe^{3+} 可以促进玻璃分相,为玻璃形核提供驱动力,但过量的 Fe_2O_3 加入大大增加了玻璃黏度,降低了离子间在结晶过程中的反应速率,从而使样品的结晶能力和结晶放热量逐渐减小。根据以上 DSC 结果,最终晶化温度为 850 ℃,核化温度为 720 ℃。

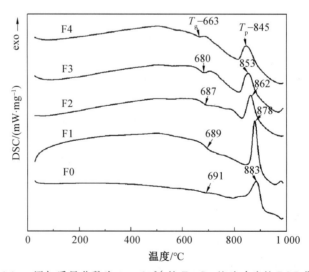

图 6.1　添加质量分数为 0 ~ 20% 的 Fe_2O_3 基础玻璃的 DSC 曲线

6.2.3　X 射线衍射分析

图 6.2 所示为添加质量分数为 0 ~ 20％ 的 Fe_2O_3 的微晶玻璃的 XRD 图谱及添加质量分数为 20％ 的 Fe_2O_3（F4）的基础玻璃及透辉石卡片号为 72-1379 的 XRD 图谱。由图可知,添加质量分数为 20％ 的 Fe_2O_3（F4）的基础玻璃仅有一个玻璃相特征的"馒头"峰,不含有任何晶相,说明该体系中基础玻璃配合料完全熔化;另外,添加质量分数为 0 ~ 20％ 的 Fe_2O_3 的微晶玻璃样品,与晶化热处理后得到的图谱线形相似,均仅析出了透辉石相 $(Mg_{0.6}Fe_{0.2}Al_{0.2})Ca(Si_{1.5}Al_{1.5})O_6$,且随着 Fe_2O_3 含量的增加,透辉石相对应衍射峰略有宽化。晶粒尺寸变小和结晶度降低均能引起 X 射线衍射峰的宽化,但是这里主要是由前者所引起的,可由图 6.5 所示的平均晶粒尺寸图得到证实。

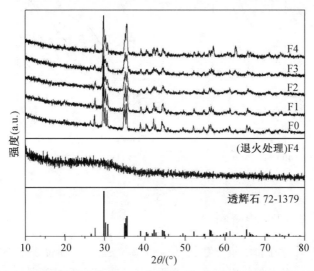

图 6.2　添加质量分数为 0 ~ 20％ 的 Fe_2O_3 微晶玻璃的 XRD 图谱

6.2.4　红外光谱分析

图 6.3 所示为添加质量分数为 0 ~ 20％ 的 Fe_2O_3 微晶玻璃的红外光谱。从图中可以看出,不同 Fe_2O_3 含量的微晶玻璃的特征吸收带主要由三部分组成:第一部分在 850 ~ 1 100 cm^{-1} 波数范围内且吸收带强度大,其中 1 053 cm^{-1} 处的吸收峰由 Si—O—Si 非对称伸缩振动引起;966 cm^{-1} 处的吸收峰由 O—Si—O 非对称伸缩振动引起;869 cm^{-1} 处的吸收峰由 O—Si—O 的对称伸缩振动引起。第二部分在 600 ~ 700 cm^{-1} 波数范围内,此区吸收带为透辉石以链状结构存在的特征吸收峰,在此区中吸收带的数目取决于结构中的 Si—O 链类型数,其中 605 cm^{-1}、632 cm^{-1} 和 667 cm^{-1} 处的吸收峰由 Si—O—Si 对称伸缩振动

引起。第三部分在 457 cm^{-1} 处的吸收峰由 M－O 伸缩振动引起,其中 M 代表不同的阳离子。

从图 6.3 中还可以看出:随着 Fe_2O_3 含量的增加,微晶玻璃样品中基团振动吸收峰略有增强,这表明随着 Fe_2O_3 含量的增加,透灰石晶体的析出量逐渐增加,且透辉石晶体结构有序程度、紧密程度及析晶的完整程度增加,在波数为 600～700 cm^{-1} 间峰有分裂趋势,说明进入玻璃相中的 Fe^{3+} 起到积聚作用,使 [SiO_4] 中的 Si－O－Si 对称伸缩成分减弱,而反对称伸缩成分增多,使玻璃相结构的对称性降低,导致峰出现分裂谱带。

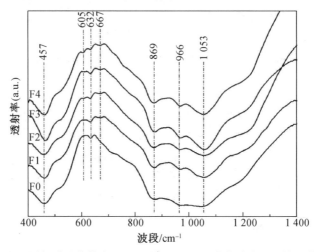

图 6.3　添加质量分数为 0～20％ 的 Fe_2O_3 微晶玻璃的红外光谱图

6.2.5　微观形貌分析

图 6.4 所示为添加质量分数为 0～20％ 的 Fe_2O_3 微晶玻璃 SEM 图,放大倍数为 2 万倍。根据扫描电镜照片得到如图 6.5 所示添加质量分数为 0～20％ 的 Fe_2O_3 微晶玻璃的平均晶粒尺寸图。从 SEM 图中可以看出,基础玻璃中没有晶相析出,是典型的玻璃相;F0～F4 样品中均析出了大量颗粒状晶体。由图 6.5 可以看到,F0 样品的平均晶粒尺寸最大为 1 230 nm,随着 Fe_2O_3 含量增加,平均晶粒尺寸逐渐减小,其中 F1 样品的平均晶粒尺寸为 250 nm,F2 为 89.62 nm、F3 为 71.7 nm、F4 为 66.16 nm,且 F3 和 F4 样品中晶粒均匀细小,大尺寸晶粒很少,这种超精细的显微结构,使得微晶玻璃的硬度大大提高。在 CMAS 玻璃中,随着 Fe_2O_3 含量提高,玻璃中形成更多的晶核,同空间内初始晶化的晶核数量增多,晶粒之间的间距减小,主晶相以外延生长的方式从晶核界面开始向外生长,直到晶相的生长边界相互接触,因此高密度的晶核抑制了晶体的长大。

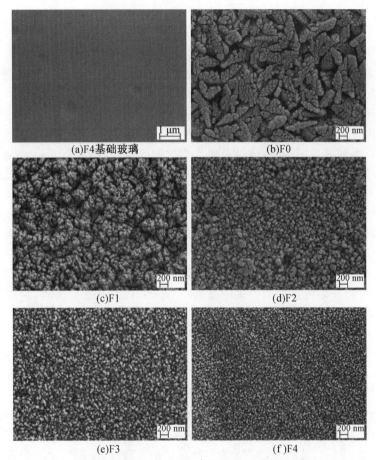

图 6.4　添加质量分数为 $0 \sim 20\%$ 的 Fe_2O_3 微晶玻璃 SEM 照片

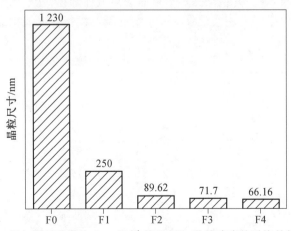

图 6.5　添加质量分数为 $0 \sim 20\%$ 的 Fe_2O_3 微晶玻璃的平均晶粒尺寸图

6.2.6 性能分析品

本研究所涉及五组样品性能的汇总,见表 6.2。对比不同 Fe_2O_3 含量的样品性能表明,随着 Fe_2O_3 含量的升高,所研究样品的密度、硬度及耐碱性都逐渐增大,但是抗折强度和耐酸性却逐渐下降,弹性模量和剪切模量变化不大。微晶玻璃的力学性能取决于其组成和结构,从表 6.2 中可以看出,样品的密度和显微硬度变化规律一致,结合微晶玻璃样品的显微结构可知,具有结构疏松、晶粒尺寸较大的显微结构时,微晶玻璃的密度和显微硬度较低,相反,结构致密、晶粒尺寸细小的微晶玻璃样品具有较高的密度和显微硬度。本课题组魏海燕等研究发现微晶玻璃晶粒尺寸越小,其显微硬度值越高,与本书得到的结果一致。抗折强度是表征材料单位面积承受弯矩时的极限折断应力,又称抗弯强度、断裂模量。微晶玻璃是微晶体和残余玻璃相组成的复相材料,其相邻晶粒的接触面多为相界面,由于随着 Fe_2O_3 含量提高,使玻璃中形成更多的晶核,并形成更多的晶体,最终导致样品相界面即裂纹源增多,当微晶玻璃受到外力作用时,这些裂纹附近产生应力集中现象。当应力达到一定程度时,裂纹开始扩展而导致断裂。从表 6.2 中可以看出 F0 样品的抗折强度最好,随着平均晶粒尺寸的减小,抗折性能逐渐降低,结合 SEM 照片可以发现 F1 样品结构紧密,晶粒尺寸较大、晶体与晶体之间相互咬合呈柱状互锁结构,研究表明,具有柱状互锁结构、晶粒尺寸较大的微晶玻璃有着较高的抗折强度。微晶玻璃的耐酸(碱)性受结晶相的种类、晶粒尺寸和数量、残余玻璃的性质和数量的影响,一般情况下,玻璃相的耐酸性较差。从表中可以看出,随着 Fe_2O_3 含量的升高,微晶玻璃的耐酸性略有降低,耐碱性略有升高,总体耐酸(碱)性变化不大,结合 XRD 和 SEM 可知,晶粒尺寸越大的微晶玻璃样品耐酸性越好;晶粒尺寸越小的微晶玻璃样品,耐碱性越好。五组微晶玻璃样品的耐碱性都在 99% 以上,说明该系微晶玻璃的耐碱性稳定。这些结果在一定情况下可以指导矿渣微晶玻璃的生产,有利于取得性能更优异的矿渣微晶玻璃。

表 6.2 不同热处理制度下微晶玻璃的理化性能

样品编号	密度 /(g·cm^{-3})	抗折强度 /MPa	耐酸性 (20% H_2SO_4) /%	耐碱性 (20% NaOH) /%	硬度 (HV)	弹性模量 /GPa	剪切模量 /GPa
F0	2.89	261.62 ± 25.72	99.38	99.17	696.05 ± 15.71	109.83	45.39
F1	2.91	200.98 ± 18.68	99.33	99.13	715.27 ± 13.45	112.16	44.31
F2	2.98	181.39 ± 30.54	99.23	99.24	721.45 ± 19.62	110.52	45.94
F3	3.05	150.54 ± 19.46	99.17	99.28	734.16 ± 12.86	113.55	45.70
F4	3.10	133.77 ± 22.11	99.11	99.34	794.15 ± 27.94	100.71	40.38

6.3　Nb_2O_5 对微晶玻璃结构及性能的影响

6.3.1　基础玻璃配方及样品制备

本实验在前文研究的基础上,再外添不同含量的 Nb_2O_5,研究不同含量的 Nb_2O_5 对纳米晶微晶玻璃结构及性能的影响。本书除固阳铁尾矿和山东金尾矿外,其余组成均用化学纯引入,其中包含了质量分数为 57.4% 的固阳铁尾矿,质量分数为 19.3% 的山东金尾矿,质量分数为 11.8% 的 SiO_2,质量分数为 4.2% 的 CaO,质量分数为 1.3% 的 MgO,质量分数为 2.9% 的 Al_2O_3,质量分数为 2.8% 的 Na_2CO_3 和质量分数为 0.3% 的 Cr_2O_3,再外添质量分数为 $0 \sim 4\%$ 的 Nb_2O_5,获得 CMAS 系微晶玻璃基础化学组成,见表 6.3。

表 6.3　基础玻璃化学组成(质量分数)　　%

样品编号	SiO_2	Al_2O_3	CaO	MgO	R_2O	Cr_2O_3	Fe_2O_3	Nb_2O_5
Nb0	49.50	8.20	17.50	3.90	4.40	0.30	6.90	0
Nb1	49.50	8.20	17.50	3.90	4.40	0.30	6.90	0.91
Nb2	49.50	8.20	17.50	3.90	4.40	0.30	6.90	1.81
Nb3	49.50	8.20	17.50	3.90	4.40	0.30	6.90	2.72
Nb4	49.50	8.20	17.50	3.90	4.40	0.30	6.90	3.63

根据上述组分的质量比进行计算并配料,秤料后经球磨机混合均匀置于刚玉坩埚中,在高温马弗炉中按图 3.5 所示的升温制度加热到 1 450 ℃、保温 3 h 进行熔融。然后,一小部分玻璃液淬水用于 DSC 检测,其余玻璃溶液浇铸到 40 mm × 60 mm × 8 mm 的铁制模具中成型,成型后将立即将样品放于 610 ℃ 马弗炉内退火 3 h,随炉冷却至室温以消除样品中的残余应力。退火后,根据 DSC 分析结果及经验确定的析晶热处理制度进行微波晶化热处理,最终得到微晶玻璃试样。

6.3.2　差示扫描量热分析(DSC)

图 6.6 是添加不同含量(质量分数为 $0 \sim 4\%$)的 Nb_2O_5 基础玻璃的 DSC 曲线。

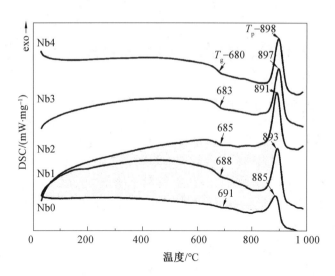

图 6.6　　添加不同含量的 Nb_2O_5 基础玻璃的 DSC 曲线

从图中可以看出,Nb0 样品的吸热峰即玻璃转变温度(T_g)的峰位并不是很明显,大约出现在 691 ℃附近,这种玻璃在热处理时不易发生软化变形,结晶程度好,晶粒较细。随着 Nb_2O_5 含量的增加,该吸热峰出现的温度逐渐由 Nb0 样品的 691 ℃ 降低到 Nb4 样品的 680 ℃;同时,放热峰即析晶峰(T_p)出现的温度逐渐由 Nb0 样品的 885 ℃ 提高到 Nb4 样品的 898 ℃;玻璃析晶峰尖锐程度和面积表征材料的结晶能力及结晶放热量的大小,从图中可以看出,随着 Nb_2O_5 含量的增加,曲线晶化放热峰有少许向右移动的趋势,析晶峰强度明锐程度逐渐增强,放热峰面积逐渐增大,说明晶化过程中放热量逐渐增大,易得到结晶度较高的微晶玻璃。根据以上 DSC 结果以及前文微波热处理工艺的探索经验,最终微波晶化的热处理制度为 720 ℃/20 min。

6.3.3　晶体物相分析(XRD)

图 6.7 所示为添加不同含量的 Nb_2O_5 微晶玻璃的 XRD 图谱及透辉石卡片号为 72-1379 的 XRD 图谱。由图可知,添加不同含量的 Nb_2O_5 的微晶玻璃样品晶化热处理后得到的图谱线形相似,均仅析出了主晶相为单斜晶系、C2/c 空间群的透辉石相$(Mg_{0.6}Fe_{0.2}Al_{0.2})Ca(Si_{1.5}Al_{0.5})O_6$,其标准卡片号为 72-1379,对应的晶胞参数为:$a = 0.978\,4$ nm,$b = 0.967\,9$ nm,$c = 0.881\,2$ nm,$\beta = 105.883°$。随着 Nb_2O_5 量的增加,五组样品的主晶相不发生改变,仍为透辉石相,透辉石相对应衍射峰略有宽化。有文献报道:晶粒尺寸变小和结晶度降低均能引起 X 射线衍射峰的宽化。但是这里主要是由前者所引起的,可由下面的

SEM 图(图 6.9)得到证实。

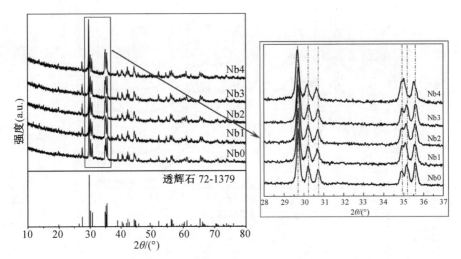

图 6.7　添加不同含量的 Nb_2O_5 微晶玻璃的 XRD 图谱及透辉石卡片号为 72-1379 的 XRD 图谱

6.3.4　拉曼光谱分析

图 6.8 所示为添加不同含量的 Nb_2O_5 尾矿微晶玻璃的拉曼光谱图。从图中可以看出,添加不同含量的 Nb_2O_5 尾矿微晶玻璃的主要谱带(cm^{-1})为 261、324、381、525、658、689、761、856、898 和 996。与辉石的拉曼光谱相比峰位移基本相似。其中在 996 cm^{-1} 处为两个非桥氧键硅氧四面体(Q^2)的 $Si-O$ 伸缩振动;898 cm^{-1} 和 856 cm^{-1} 处为一个非桥氧键硅氧四面体(Q^3)的 $Si-O$ 伸缩振动;761 cm^{-1} 和 689 cm^{-1} 处为四个非桥氧键硅氧四面体(Q^0)的 $Si-O$ 伸缩振动;658 cm^{-1} 处为 $Si-O-Si$ 的对称弯曲振动;525 cm^{-1} 处为 $O-Si-O$ 的弯曲振动;381 和 324 cm^{-1} 处为 $M-O$ 的弯曲振动。另外,随着 Nb_2O_5 含量的增加,324 cm^{-1}、381 cm^{-1}、658 cm^{-1}、689 cm^{-1}、761 cm^{-1} 和 996 cm^{-1} 处的峰均呈现逐渐减弱的趋势,表明随着 Nb_2O_5 含量的增加,透灰石晶体的析出量逐渐减少,且透辉石晶体结构有序程度、紧密程度及析晶的完整程度略有降低;在 Nb3 和 Nb4 样品中出现了两个新的特征峰 898 和 856 cm^{-1},且 898 cm^{-1} 和 856 cm^{-1} 处为一个非桥氧键硅氧四面体(Q^3)的 $Si-O$ 伸缩振动,说明 Nb_2O_5 含量的变化对微晶玻璃结构中 Q^n 的数量有一定影响。在硅酸盐玻璃熔体中,Q^n 存在如下平衡关系:

$$2Q^n \Leftrightarrow Q^{n+1} + Q^{n-1} \qquad (6.1)$$

具体的玻璃聚合单元与 Q^n 主要存在的平衡关系有:

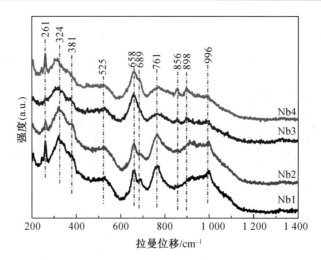

图 6.8　添加不同含量的 Nb_2O_5 微晶玻璃的拉曼光谱

$$Si_2O_7^{6-} \Leftrightarrow SiO_4^{4-} + SiO_3^{2-} (2Q^1 \Leftrightarrow Q^2 + Q^0) \tag{6.2}$$

$$3SiO_3^{2-} \Leftrightarrow SiO_4^{4-} + Si_2O_5^{2-} (3Q^2 \Leftrightarrow Q^0 + 2Q^3) \tag{6.3}$$

$$Si_2O_5^{2-} \Leftrightarrow SiO_3^{2-} + SiO_2 (2Q^3 \Leftrightarrow Q^2 + Q^4) \tag{6.4}$$

透辉石中硅氧四面体结构为 Q^2 的链状结构,即

$$\frac{NBO}{T} = \frac{O^{2-} \times 2 - T \times 4}{T} = 2 \tag{6.5}$$

式中,NBO 为非桥氧摩尔数;T 为 Si^{4+} 或 Al^{3+} 的摩尔数;O^{2-} 为氧阴离子的摩尔数。结合前文的拉曼谱带的归属,随着 Nb_2O_5 含量的增加,玻璃熔体主要存在式(6.3)中的平衡关系,使得 Nb3 和 Nb4 样品中出现了两个新的特征峰。

6.3.5　微观形貌分析

图 6.9 所示为添加不同含量 Nb_2O_5 微晶玻璃的 SEM 图。从 SEM 图中可以看出,基础玻璃中没有晶相析出,是典型的玻璃相;Nb0 ~ Nb4 样品中均析出了大量均匀分布的晶体。由图 6.4 可以看到,Nb0 样品(图 6.4(b))的平均晶粒尺寸最大约为 1 μm,随着 Nb_2O_5 含量增加,样品 Nb1(图 6.4(c))的显微形貌发生较大变化,呈现平均晶体尺寸约为 0.7 μm 的小棒状晶体。当 Nb_2O_5 质量分数为 2% 时,样品 Nb2(图 6.4(d))的主晶相显微形貌呈现均匀分布的类雪花状晶体,且晶体的一次晶轴不明显,二次晶轴尺寸偏大。此后,随着 Nb_2O_5 含量的继续增加,样品 Nb3(图 6.4(e))和 Nb4(图 6.4(f))的主晶相显微形貌又演变为尺寸较小的晶体,且二次晶轴逐渐钝化,其中 Nb3 样品的晶体尺寸约为 0.5 μm,La4 样品的晶体尺寸约为 0.3 μm。

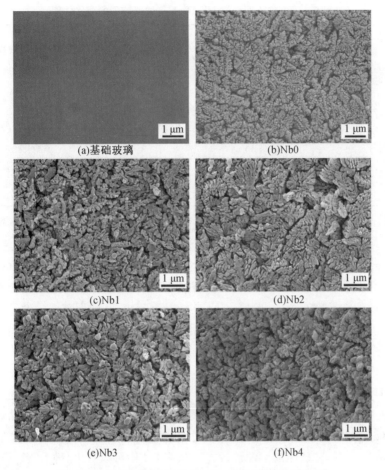

图 6.9　添加不同含量的 Nb_2O_5 微晶玻璃的 SEM 图

6.3.6　性能分析

本研究所涉及五组添加不同含量 Nb_2O_5 制备微晶玻璃的理化性能的汇总,见表 6.4。对比不同 Nb_2O_5 含量的样品理化性能表明,随着 Nb_2O_5 含量的增加,微晶玻璃的密度和硬度均呈现逐渐增大的趋势,其中密度由 Nb0 的 2.89 g/cm^3 增加到 Nb4 的 3.01 g/cm^3,而硬度由 Nb0 的 696 kg/mm^2 增加到 Nb4 的 832.27 kg/mm^2。另外,随着 Nb_2O_5 含量的增加,微晶玻璃的抗折强度和耐酸(碱)性呈逐渐降低的趋势,其中抗折强度由 Nb0 的 261.62 MPa 降低到 Nb4 的 171.51 MPa,耐酸(碱)性分别由 Nb0 的 99.38%(99.17%)降低到 Nb4 的98.15%(97.05%)。

表 6.4　添加不同含量 Nb_2O_5 制备微晶玻璃的理化性能

样品编号	密度 /(g · cm^{-3})	抗折强度 /MPa	耐酸性 (20％H_2SO_4) /％	耐碱性 (20％NaOH) /％	硬度 /(kg · mm^{-2})
Nb0	2.89	261.62 ± 25.72	99.38	99.17	696.00 ± 15.71
Nb1	2.98	222.72 ± 20.68	99.26	98.25	762.80 ± 23.60
Nb2	2.99	186.67 ± 30.54	98.97	97.91	785.32 ± 25.15
Nb3	3.01	174.29 ± 19.46	98.85	97.75	810.91 ± 14.66
Nb4	3.01	171.51 ± 22.11	98.15	97.05	832.27 ± 8.97

微晶玻璃的力学性能取决于其组成和结构,从表 6.4 中可以看出,样品的密度和显微硬度变化规律一致。由于本书所研究微晶玻璃组分中,除 Fe_2O_3 和 Cr_2O_3 外,Nb_2O_5 的相对密度 4.47 g/cm^3 大于组分中的其他氧化物,所以随着 Nb_2O_5 添加量的增大,微晶玻璃的密度呈逐渐增大的趋势。微晶玻璃硬度与微晶玻璃的结晶度有关,一般情况下,其结晶度越大,其硬度越大。微晶玻璃的抗折强度是表征材料单位面积承受弯矩时的最大载荷强度。微晶玻璃是微晶体和残余玻璃相组成的复相材料,其相邻晶粒的接触面多为相界面,结合前文的显微形貌可知,随着 Nb_2O_5 含量提高,使玻璃中形成更多的晶体,最终导致样品相界面即裂纹源增多,当微晶玻璃受到外力作用时,这些裂纹附近产生应力集中现象。当应力达到一定程度时,裂纹开始扩展而导致断裂。微晶玻璃的耐酸(碱)性受结晶相的种类、晶粒尺寸和数量、残余玻璃的性质和数量的影响,一般情况下,玻璃相的耐酸性较差。从表 6.4 中可以看出,随着 Nb_2O_5 含量的升高,微晶玻璃的耐酸性和耐碱性均略有降低。五组微晶玻璃样品的耐碱性都在 97％ 以上,说明该系微晶玻璃的耐碱性稳定。这些结果在一定情况下可以指导微晶玻璃的生产,有利于取得性能更优异的微晶玻璃。

6.4　La_2O_3 对微晶玻璃结构及性能的影响

6.4.1　基础玻璃配方及样品制备

本实验在前文研究的基础上,再外添不同含量的 La_2O_3,研究不同含量的 La_2O_3 对微晶玻璃结构及性能的影响。除固阳铁尾矿和山东金尾矿外,其余组成均用化学纯引入,其中包了质量分数为 57.4％ 的固阳铁尾矿,质量分数为 19.3％ 的山东金尾矿,质量分数为 11.8％ 的 SiO_2,质量分数为 4.2％ 的 CaO,质量分数为 1.3％ 的 MgO，质量分数为 2.9％ 的 Al_2O_3，质量分数为 2.8％ 的 Na_2CO_3 和质量分数为 0.3％ 的 Cr_2O_3，再外添质量分数为 0～4％ 的 La_2O_3，获得 CMAS 系微晶玻璃的基础玻璃化学组成（表 6.5）。

表 6.5　基础玻璃化学组成（质量分数）　　　　　　　　％

样品编号	SiO_2	Al_2O_3	CaO	MgO	R_2O	Cr_2O_3	Fe_2O_3	La_2O_3
La0	49.50	8.20	17.50	3.90	4.40	0.30	6.90	0
La1	49.50	8.20	17.50	3.90	4.40	0.30	6.90	0.91
La2	49.50	8.20	17.50	3.90	4.40	0.30	6.90	1.81
La3	49.50	8.20	17.50	3.90	4.40	0.30	6.90	2.72
La4	49.50	8.20	17.50	3.90	4.40	0.30	6.90	3.63

根据上述组分的质量比进行计算并配料，秤料后经球磨机混合均匀置于刚玉坩埚中，在高温马弗炉中按图 3.5 所示的升温制度加热到 1 450 ℃、保温 3 h 进行熔融。然后，一小部分玻璃液淬水用于 DSC 检测，其余玻璃溶液浇铸到 40 mm × 60 mm × 8 mm 的铁制模具中成型，成型后将立即将样品放于 610 ℃ 马弗炉内退火 3 h，随炉冷却至室温以消除样品中的残余应力。退火后，根据 DSC 分析结果及经验确定的析晶热处理制度进行微波晶化热处理，最终得到微晶玻璃试样。

6.4.2 差示扫描量热分析（DSC）

图 6.10 所示为添加不同含量的 La_2O_3 基础玻璃的 DSC 曲线。从图 6.10 中可以看出，La0 样品的吸热峰即玻璃转变温度（T_g）的峰位并不是很明显，大约出现在 691 ℃ 附近。随着 La_2O_3 含量的增加，该吸热峰出现的温度也逐渐由 691 ℃ 降低到 685 ℃；同时，放热峰即析晶峰（T_p）出现的温度逐渐由 885 ℃ 提高到 896 ℃；玻璃析晶峰尖锐程度和面积表征材料的结晶能力及结晶放热量的大小，从图中可以看出，随着 La_2O_3 含量的增加，曲线晶化放热峰有少许向右移动的趋势，析晶峰强度明锐程度逐渐增强，放热峰面积逐渐增大，说明晶化过程中放热量逐渐增大，易得到结晶度较高的微晶玻璃。本课题组陈华等报道：当稀土离子大量在微晶玻璃熔体中存在时，由于 La^{3+} 的场强大（$2.82/A^{-2}$），La—O 键键能（243 kJ/mol）较大，在玻璃转变温度附近（691 ℃）温度较低，不能使 La—O 键断裂，对玻璃的网络结构破坏较小，所以 La_2O_3 的添加对玻璃转变温度改变较小。而析晶峰向高温方向偏移是由于基础玻璃的热稳定性随着 La_2O_3 含量的增加而逐渐增大所致。根据以上 DSC 结果，以及前文微波热处理工艺的探索经验，最终微波晶化的热处理制度为 720 ℃/20 min。

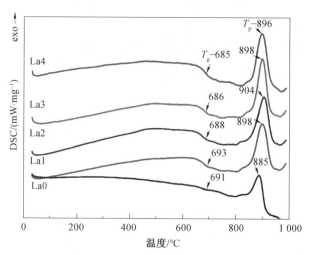

图 6.10 添加不同含量的 La_2O_3 基础玻璃的 DSC 曲线

6.4.3 晶体物相分析(XRD)

图 6.11 所示为添加不同含量的 La_2O_3 微晶玻璃的 XRD 图谱。由图 6.6 可知,添加不同含量的 La_2O_3 的微晶玻璃样品晶化热处理后得到的图谱线形相似,均仅析出了主晶相为单斜晶系、$C2/c$ 空间群的透辉石相 $(Mg_{0.6}Fe_{0.2}Al_{0.2})Ca(Si_{1.5}Al_{0.5})O_6$,其标准卡片号为 72-1379,对应的晶胞参数为:$a = 0.978\ 4$ nm,$b = 0.967\ 9$ nm,$c = 0.881\ 2$ nm,$\beta = 105.883°$。随着 La_2O_3 量的增加,微晶玻璃的主晶相没有发生改变,仍为透辉石相。

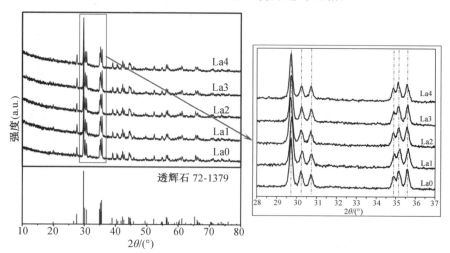

图 6.11 添加不同含量的 La_2O_3 微晶玻璃的 XRD 图谱

6.4.4　拉曼光谱分析

图 6.12 所示为添加不同含量的 La_2O_3 微晶玻璃的拉曼光谱图。从图 6.12 中可以看出,添加不同含量的 La_2O_3 微晶玻璃的主要谱带(cm^{-1})为 261、324、525、658、689、761 和 996。其中 996 cm^{-1} 处为两个非桥氧键硅氧四面体(Q^2)的 Si—O 伸缩振动;761 cm^{-1} 和 689 cm^{-1} 处为四个非桥氧键硅氧四面体(Q^0)的 Si—O 伸缩振动;658 cm^{-1} 处为 Si—O—Si 的对称弯曲振动;525 cm^{-1} 处为 O—Si—O 的弯曲振动;324 cm^{-1} 处为 M—O 的弯曲振动。另外,随着 La_2O_3 含量的增加,各拉曼特征峰位移、强度均变化不大,这表明随着 La_2O_3 含量的增加,透灰石晶体的析出量变化不大,且透辉石晶体结构有序程度、紧密程度及析晶的完整程度变化不大。

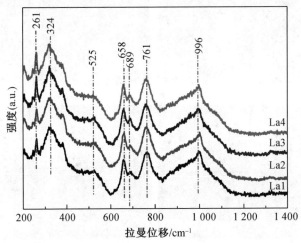

图 6.12　添加不同含量的 La_2O_3 微晶玻璃的拉曼光谱

6.4.5　微观形貌分析

图 6.13 所示为添加不同含量的 La_2O_3 微晶玻璃的 SEM 图。图 6.13(a) 表明,基础玻璃中没有晶相析出,是典型的玻璃相;La0 ～ La4 样品中均析出了大量枝状晶体。在 La0(图 6.13(b)) 样品中,主晶相呈均匀分布的一次晶轴尺寸较小的类枝状晶体,其晶体尺寸约为 1 μm。随着 La_2O_3 含量增加,样品 La1(图 6.13(c)) 和 La2(图 6.13(d)) 的主晶相显微形貌呈现一次晶轴较较大的均匀分布的枝状晶,晶体尺寸逐渐增大,其中 La1 样品的晶体尺寸约为 1.5 μm,La2 样品的晶体尺寸约为 1.8 μm。此后,随着 La_2O_3 含量的继续增加,样品 La3(图 6.13(e)) 和 La4(图 6.13(f)) 的主晶相显微形貌依然呈现均匀分布的枝状晶,但晶体尺寸略有减小的趋势,且二次晶轴逐渐钝化,其中 La3 样品的晶体尺寸约

为 1.2 μm, La4 样品的晶体尺寸约为 1.5 μm。

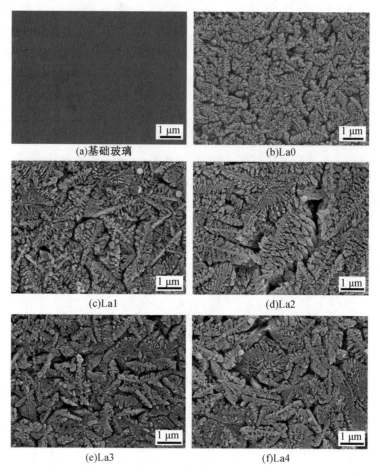

图 6.13   添加不同含量的 La_2O_3 微晶玻璃的 SEM 图

6.4.6   性能分析

本研究所涉及五组添加不同含量 La_2O_3 制备微晶玻璃的理化性能的汇总见表6.6。对比不同 La_2O_3 含量的样品理化性能表明,随着 La_2O_3 含量的增加,微晶玻璃的密度和硬度均呈现逐渐增大的趋势,其中密度由 La0 的 2.89 g/cm³ 增加到 La4 的 3.03 g/cm³,而硬度由 La0 的 696 kg/mm² 增加到 La4 的 803.05 kg/mm²。另外,随着 La_2O_3 含量的增加,微晶玻璃的抗折强度和耐酸(碱)性呈逐渐降低的趋势,其中抗折强度由 La0 的 261.62 MPa 降低到 La4 的 191.80 MPa,耐酸(碱)性分别由 La0 的 99.38%(99.17%)降低到 La4 的 98.64%(97.45%)。

表 6.6　添加不同含量 La_2O_3 制备微晶玻璃的理化性能

样品编号	密度 /$(g \cdot cm^{-3})$	抗折强度 /MPa	耐酸性 $(20\%H_2SO_4)$ /%	耐碱性 $(20\%NaOH)$ /%	硬度 /$(kg \cdot mm^{-2})$
La0	2.89	261.62 ± 25.72	99.38	99.17	696.00 ± 15.71
La1	2.99	213.22 ± 18.68	99.18	98.65	775.35 ± 12.20
La2	3.01	235.62 ± 30.54	99.06	98.23	798.33 ± 7.04
La3	3.02	193.53 ± 19.46	98.11	97.93	802.37 ± 5.48
La4	3.03	191.80 ± 22.11	98.64	97.45	803.05 ± 21.74

微晶玻璃的力学性能取决于其组成和结构,从表 6.6 中可以看出,样品的密度和显微硬度变化规律一致。由于本书所研究微晶玻璃组分中,La_2O_3 的相对密度 6.51 g/cm³ 大于组分中的其他氧化物,所以随着 La_2O_3 添加量的增大,微晶玻璃的密度呈逐渐增大的趋势。微晶玻璃硬度与微晶玻璃的结晶度有关,一般情况下,其结晶度越大,其硬度越大。微晶玻璃的抗折强度是表征材料单位面积承受弯矩时的最大载荷强度。微晶玻璃是微晶体和残余玻璃相组成的复相材料,其相邻晶粒的接触面多为相界面,结合前文的显微形貌可知,随着 La_2O_3 含量提高,使玻璃中形成更多的晶体,最终导致样品相界面即裂纹源增多,当微晶玻璃受到外力作用时,这些裂纹附近产生应力集中现象。当应力达到一定程度时,裂纹开始扩展而导致断裂。微晶玻璃的耐酸(碱)性受结晶相的种类、晶粒尺寸和数量、残余玻璃的性质和数量的影响,一般情况下,玻璃相的耐酸性较差。从表6.6中可以看出,随着 La_2O_3 含量的升高,微晶玻璃的耐酸性和耐碱性均略有降低。五组微晶玻璃样品的耐碱性都在 97% 以上,说明该系微晶玻璃的耐碱性稳定。这些结果在一定情况下可以指导微晶玻璃的生产,有利于取得性能更优异的微晶玻璃。

6.5　CeO_2 对微晶玻璃结构及性能的影响

6.5.1　基础玻璃配方及样品制备

本实验在前文研究的基础上,再外添不同含量的 CeO_2,研究不同含量的 CeO_2 对纳米晶微晶玻璃结构及性能的影响。除固阳铁尾矿和山东金尾矿外,其余组成均用化学纯引入,其中包含了质量分数为 57.4% 的固阳铁尾矿,质量分数为 19.3% 的山东金尾矿,质量分数为 11.8% 的 SiO_2,质量分数为4.2% 的

CaO,质量分数为 1.3% 的 MgO,质量分数为 2.9% 的 Al_2O_3,质量分数为 2.8% 的 Na_2CO_3 和质量分数为 0.3% 的 Cr_2O_3,再外添质量分数为 0 ~ 4% 的 CeO_2,获得 CMAS 系微晶玻璃的基础玻璃化学组成,见表 6.7。

表 6.7　基础玻璃化学组成(质量分数)　　　　　　　%

样品编号	SiO_2	Al_2O_3	CaO	MgO	R_2O	Cr_2O_3	Fe_2O_3	CeO_2
Ce0	49.50	8.20	17.50	3.90	4.40	0.30	6.90	0
Ce1	49.50	8.20	17.50	3.90	4.40	0.30	6.90	0.91
Ce2	49.50	8.20	17.50	3.90	4.40	0.30	6.90	1.81
Ce3	49.50	8.20	17.50	3.90	4.40	0.30	6.90	2.72
Ce4	49.50	8.20	17.50	3.90	4.40	0.30	6.90	3.63

　　根据上述组分的质量比进行计算并配料,秤料后经球磨机混合均匀置于刚玉坩埚中,在高温马弗炉中按图 3.5 所示的升温制度加热到 1 450 ℃、保温 3 h 进行熔融。然后,一小部分玻璃液淬水用于 DSC 检测,其余玻璃溶液浇铸到 40 mm × 60 mm × 8 mm 的铁制模具中成型,成型后将立即将样品放于 610 ℃ 马弗炉内退火 3 h,随炉冷却至室温以消除样品中的残余应力。退火后,根据 DSC 分析结果及经验确定的析晶热处理制度进行微波晶化热处理,最终得到微晶玻璃试样。

6.5.2　差示扫描量热分析(DSC)

　　图 6.14 所示为添加不同含量的 CeO_2 基础玻璃的 DSC 曲线。从图6.14 中可以看出,随着 CeO_2 含量的增加,该吸热峰(T_g)出现的温度也略有升高,由 Ce1 样品的 694 ℃ 提高到 Ce4 样品的 703 ℃;同时,放热峰即析晶峰(T_p)出现的温度呈现先降低在升高的趋势。其中添加质量分数为 4% 的 CeO_2 的样品 Ce4 的 T_g 和 T_p 达到最高,分别为 730 ℃ 和 908 ℃。玻璃析晶峰尖锐程度和面积表征材料的结晶能力及结晶放热量的大小,从图 6.14 中可以看出,随着 CeO_2 含量的增加,曲线晶化放热峰有少许向右移动的趋势,析晶峰明锐程度和放热峰面积都呈现先降低后增大的趋势,说明晶化过程中放热量先增大后减小,但总体析晶峰放热面积较大,易得到结晶度较高的微晶玻璃。根据以上 DSC 结果,以及前文微波热处理工艺的探索经验,最终微波晶化的热处理制度为 720 ℃ / 20 min。

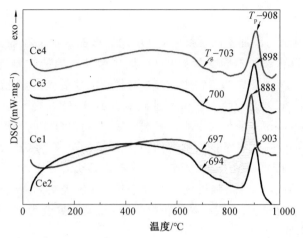

图 6.14　添加不同含量的 CeO_2 基础玻璃的 DSC 曲线

6.5.3　晶体物相分析(XRD)

图 6.15 所示为添加不同含量的 CeO_2 微晶玻璃的 XRD 图谱及透辉石卡片号为 72-1379 的 XRD 图谱。由图 6.10 可知,添加不同含量的 CeO_2 的微晶玻璃样品晶化热处理后得到的图谱线形相似,均仅析出了主晶相为单斜晶系、C2/c 空间群的透辉石相$(Mg_{0.6}Fe_{0.2}Al_{0.2})Ca(Si_{1.5}Al_{0.5})O_6$,其标准卡片号为 72-1379,对应的晶胞参数为:$a = 0.978\ 4$ nm,$b = 0.967\ 9$ nm,$c = 0.881\ 2$ nm,$\beta = 105.883°$。随着 CeO_2 量的增加,微晶玻璃的主晶相没有发生改变,仍为透辉石相。

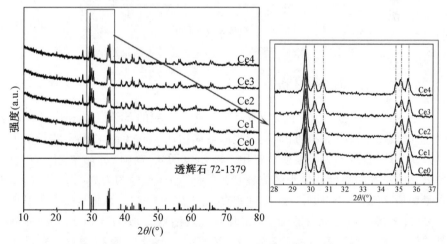

图 6.15　添加不同含量的 CeO_2 微晶玻璃的 XRD 图谱

6.5.4 拉曼光谱分析

图 6.16 所示为添加不同含量的 CeO_2 尾矿微晶玻璃的拉曼光谱图。从图 6.16 中可以看出,添加不同含量的 CeO_2 尾矿微晶玻璃的主要谱带(cm^{-1})为 261、324、381、525、658、689、761 和 996。与辉石的拉曼光谱相比峰位移基本相似。其中 996 cm^{-1} 处为两个非桥氧键硅氧四面体(Q^2)的 $Si-O$ 伸缩振动;761 cm^{-1} 和 689 cm^{-1} 处为四个非桥氧键硅氧四面体(Q^0)的 $Si-O$ 伸缩振动;658 cm^{-1} 处为 $Si-O-Si$ 的对称弯曲振动;525 cm^{-1} 处为 $O-Si-O$ 的弯曲振动;381 cm^{-1} 和 324 cm^{-1} 处为 $M-O$ 的弯曲振动。另外,随着 CeO_2 含量的增加,各拉曼特征峰位移、强度均变化略有降低,这表明随着 CeO_2 含量的增加,玻璃网络结构弱化,透灰石晶体析出量降低、晶体聚合程度、有序程度及完整程度略有降低。

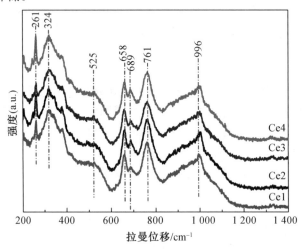

图 6.16 添加不同含量的 CeO_2 微晶玻璃的拉曼光谱

6.5.5 微观形貌分析

图 6.17 所示为添加不同含量的 CeO_2 微晶玻璃的 SEM 图。图 6.17(a) 表明,基础玻璃中没有晶相析出,是典型的玻璃相;Ce0 ~ Ce4 样品中均析出了大量枝状晶体,且透辉石晶粒明显粗化。在 Ce0(图 6.17(b))样品中,主晶相呈均匀分布的一次晶轴尺寸较小的类枝状晶体,其晶体尺寸约为 1 μm。随着 CeO_2 含量增加,样品 Ce1(图 6.17(c))和 Ce2(图 6.17(d))的主晶相显微形貌呈现一次晶轴较大的均匀分布的枝状晶,晶体尺寸逐渐增大,其中 Ce1 和 Ce2 样品的晶体尺寸均约为 1.5 μm。此后,随着 CeO_2 含量的继续增加,样品 Ce3(图 6.17(e))和 Ce4(图 6.17(f))的主晶相显微形貌依然呈现均匀分布的枝状

晶,但晶体尺寸显著增大,且二次晶轴明显,其中 Ce3 和 Ce4 样品的晶体尺寸均约为 2.2 μm。实验结果表明,随着 CeO_2 含量提高,透辉石晶体以较大的枝状晶方式生长。这是因为 Ce^{4+} 场强高(3.96 Å^{-2})、配位数大(Z/r),使得离子发生积聚,从而使得析晶过程中同空间内初始晶核数量减少,晶粒之间的间距变大,使得主晶相以外延方式生长空间充裕,因此透辉石晶体易生长成较粗大的树枝晶。

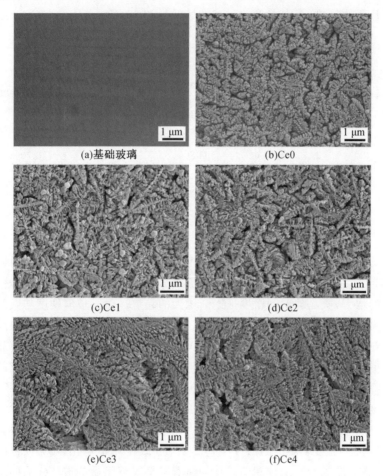

图 6.17　添加不同含量的 CeO_2 微晶玻璃的 SEM 图

6.5.6　性能分析

本研究所涉及五组添加不同含量 CeO_2 制备尾矿微晶玻璃的理化性能汇总,见表 6.8。对比不同 CeO_2 含量的样品理化性能可知,随着 CeO_2 含量的增加,微晶玻璃的密度呈现逐渐增大的趋势,其中密度由 Ce0 的 2.89 g/cm^3 增加

到 Ce4 的 3.05 g/cm^3。Ce1～Ce4 样品的硬度均比不添加 CeO$_2$ 时(Ce0 样品)
大,但是随着 CeO$_2$ 含量峰增加,其硬度逐渐减小,其中 Ce0 的硬度
696.05 kg/mm^2,此后,由 Ce1 样品的 779.70 kg/mm^2 逐渐降低到 Ce4 的
718.64 kg/mm^2。另外,随着 CeO$_2$ 含量的增加,微晶玻璃的抗折强度和耐酸性
呈逐渐降低的趋势,其中抗折强度由 Ce0 的 261.62 MPa 降低到 Ce4 的
225.98 MPa,耐酸性由 Ce0 的 99.38% 降低到 Ce4 的 98.64%。耐碱性呈先降低
后略有升高的趋势,其中 Ce2 的耐碱性最低为 98.14%。

表 6.8　添加不同含量 CeO$_2$ 制备微晶玻璃的理化性能

样品编号	密度 /(g·cm^{-3})	抗折强度 /MPa	耐酸性 (20%H$_2$SO$_4$) /%	耐碱性 (20%NaOH) /%	硬度 /(kg·mm^{-2})
Ce0	2.89	261.62±25.72	99.38	99.17	696.05±15.71
Ce1	2.99	250.29±18.68	98.80	98.38	779.70±8.09
Ce2	3.01	240.20±30.54	99.36	98.14	753.96±9.76
Ce3	3.04	227.32±19.46	98.05	98.19	735.14±21.22
Ce4	3.05	225.98±22.11	98.81	98.29	718.64±8.12

　　微晶玻璃的力学性能取决于其组成和结构,由于本书所研究微晶玻璃组
分中,CeO$_2$ 的相对密度 7.65 g/cm^3 大于组分中的其他氧化物,所以随着 CeO$_2$
添加量的增大,微晶玻璃的密度呈逐渐增大的趋势。微晶玻璃硬度与微晶玻璃
的结晶度有关,一般情况下,其结晶度越大,其硬度越大。结合前文的拉曼分析
结果可知,随着 CeO$_2$ 含量的增加,使得玻璃网络结构逐渐弱化,透灰石晶体析
出量降低、晶体聚合程度、有序程度及完整程度有所降低,所以微晶玻璃的硬度
呈逐渐降低的趋势。另外,透灰石晶体析出量降低、晶体聚合程度、有序程度及
完整程度的降低,也可能是微晶玻璃抗折强度逐渐降低的主要原因。微晶玻璃
的耐酸(碱)性受结晶相的种类、晶粒尺寸和数量、残余玻璃的性质和数量的影
响,一般情况下,玻璃相的耐酸性较差。从表 6.8 中可以看出,随着 CeO$_2$ 含量
的升高,微晶玻璃的耐酸性和耐碱性均略有降低。五组微晶玻璃样品的耐碱性
都在 98% 以上,说明该系微晶玻璃的耐碱性稳定。这些结果在一定情况下可
以指导微晶玻璃的生产,有利于取得性能更优异的微晶玻璃。

6.6　混合稀土氧化物对微晶玻璃结构及性能的影响

6.6.1　基础玻璃配方及样品制备

本实验在前文研究的基础上,再外添不同含量的混合稀土,研究不同含量的混合稀土对纳米晶微晶玻璃结构及性能的影响,其中混合稀土氧化物的化学组成见表 6.9。本书除固阳铁尾矿和山东金尾矿外,其余组成均用化学纯引入,其中包含质量分数为 57.4% 的固阳铁尾矿,质量分数为 19.3% 的山东金尾矿,质量分数为 11.8% 的 SiO_2,质量分数为 4.2% 的 CaO,质量分数为 1.3% 的 MgO,质量分数为 2.9% 的 Al_2O_3,质量分数为 2.8% 的 Na_2CO_3 和质量分数为 0.3% 的 Cr_2O_3,再外添质量分数为 0 ~ 4% 的混合稀土,获得 CMAS 系微晶玻璃的基础玻璃化学组成,见表 6.10。

表 6.9　混合稀土氧化物化学组成(质量分数)　　　　%

La_2O_3	CeO_2	Pr_2O_3	Nd_2O_3	Sm_2O_3	Gd_2O_3	Tb_2O_3	Dy_2O_3	Y_2O_3
25.45	51.77	5.05	15.16	0.23	0.31	0.05	0.21	0.79

表 6.10　基础玻璃化学组成(质量分数)　　　　%

样本号	SiO_2	Al_2O_3	CaO	MgO	R_2O	Cr_2O_3	Fe_2O_3	MRE
Mix0	49.50	8.20	17.50	3.90	4.40	0.30	6.90	0
Mix1	49.50	8.20	17.50	3.90	4.40	0.30	6.90	0.91
Mix2	49.50	8.20	17.50	3.90	4.40	0.30	6.90	1.81
Mix3	49.50	8.20	17.50	3.90	4.40	0.30	6.90	2.72
Mix4	49.50	8.20	17.50	3.90	4.40	0.30	6.90	3.63

根据上述组分的质量比进行计算并配料,秤料后经球磨机混合均匀置于刚玉坩埚中,在高温马弗炉中按图 3.5 所示的升温制度加热到 1 450 ℃、保温 3 h 进行熔融。然后,一小部分玻璃液淬水用于 DSC 检测,其余玻璃溶液浇铸到 40 mm × 60 mm × 8 mm 的铁制模具中成型,成型后将立即将样品放于 610 ℃ 马弗炉内退火 3 h,随炉冷却至室温以消除样品中的残余应力。退火后,根据 DSC 分析结果及经验确定的析晶热处理制度进行微波晶化热处理,最终得到微晶玻璃试样。

6.6.2　差示扫描量热分析(DSC)

图 6.18 所示为添加不同含量的混合稀土基础玻璃的 DSC 曲线。从图 6.18 中可以看出,随着混合稀土含量的增加,样品吸热峰(T_g)出现的温度略有升高,由 Mix0 样品的 691 ℃ 提高到 Mix4 样品的 701 ℃;同时,放热峰即析晶峰(T_p)出现的温度也略有升高,由 Mix0 样品的 885 ℃ 提高到 Mix4 样品的 897 ℃。玻璃析晶峰尖锐程度和面积表征材料的结晶能力及结晶放热量的大小,从图中可以看出,随着混合稀土含量的增加,曲线晶化放热峰有少许向右移动的趋势,析晶峰强度明锐程度及放热峰面积也略有增大,易得到结晶度较高的微晶玻璃。根据以上 DSC 结果,以及前文微波热处理工艺的探索经验,最终微波晶化的热处理制度为 720 ℃/20 min。

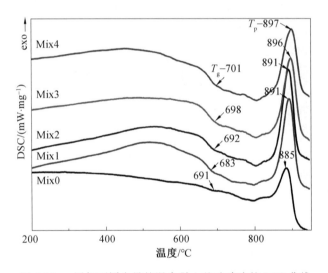

图 6.18　添加不同含量的混合稀土基础玻璃的 DSC 曲线

6.6.3　晶体物相分析(XRD)

图 6.19 所示为添加不同含量的混合稀土微晶玻璃的 XRD 图谱及透辉石卡片号为 72-1379 的 XRD 图谱。由图 6.19 可知,添加不同含量的混合稀土的微晶玻璃样品晶化热处理后得到的图谱线形相似,均仅析出了主晶相为单斜晶系、C2/c 空间群的透辉石相($Mg_{0.6}Fe_{0.2}Al_{0.2}$)Ca($Si_{1.5}Al_{0.5}$)O_6,其标准卡片号为 72-1379,对应的晶胞参数为:$a = 0.978\,4$ nm,$b = 0.967\,9$ nm,$c = 0.881\,2$ nm,$\beta = 105.883°$。随着混合稀土量的增加,微晶玻璃的主晶相没有发生改变,仍为透辉石相。

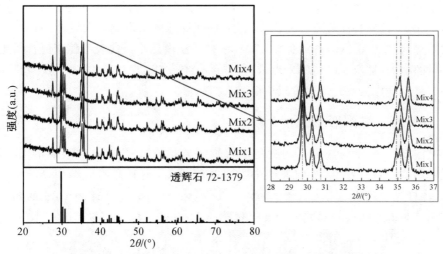

图 6.19　添加不同含量的混合稀土微晶玻璃的 XRD 图谱及透辉石卡片号为 72-1379
　　　　的 XRD 图谱

6.6.4　拉曼光谱分析

图 6.20 所示为添加不同含量的混合稀土微晶玻璃的拉曼光谱图。从图 6.20 中可以看出,添加不同含量的 Nb_2O_5 微晶玻璃的主要谱带(cm^{-1}) 为 261、324、381、525、658、689、761 和 996。与辉石的拉曼光谱相比峰位移基本相似。其中在 996 cm^{-1} 处为两个非桥氧键硅氧四面体(Q^2)的 $Si—O$ 伸缩振动;761 cm^{-1} 和 689 cm^{-1} 处为四个非桥氧键硅氧四面体(Q^0)的 $Si—O$ 伸缩振动;658 cm^{-1} 处为 $Si—O—Si$ 的对称弯曲振动;525 cm^{-1} 处为 $O—Si—O$ 的弯曲

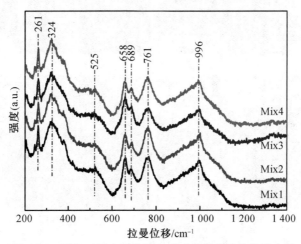

图 6.20　添加不同含量的混合稀土微晶玻璃的拉曼光谱

振动;381 cm^{-1}和324 cm^{-1}处为M—O的弯曲振动。另外,随着混合稀土含量的增加,各拉曼特征峰位移变化不大,但特征峰强度呈现先增大后减小再增大的趋势,其中样品 Mix2 强度最大,Mix3 样品强度最小。这表明随着混合稀土含量的增加,透灰石晶体的析出量、透辉石晶体结构有序程度、紧密程度及析晶的完整程度也呈现先增大后减小再增大的趋势。

6.6.5 微观形貌分析

图 6.21 所示为添加不同含量混合稀土含量 CMAS 系微晶玻璃的 SEM图。图 6.21(a) 表明,基础玻璃中没有晶相析出,是典型的玻璃相;Mix0 ~ Mix4 样品中均析出了大量枝状晶体。在 Mix0(图 6.21(b)) 样品中,主晶相呈均匀分布的一次晶轴尺寸较小的类枝状晶体,其晶体尺寸约为 1 μm。随着混

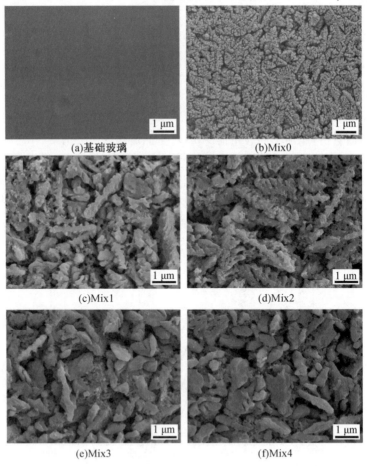

(a)基础玻璃 (b)Mix0 (c)Mix1 (d)Mix2 (e)Mix3 (f)Mix4

图 6.21 添加不同含量的混合稀土微晶玻璃的 SEM 图

合稀土含量增加,样品 Mix1(图 6.21(c)) 和 Mix2(图 6.21(d)) 的主晶相显微形貌呈现均匀分布的棒状晶,晶体尺寸逐渐增大,其中 Mix1 样品的晶体尺寸约为 1.2 μm,Mix2 样品的晶体尺寸约为 1.8 μm。此后,随着混合稀土含量的继续增加,样品 Mix3(图 6.21(e)) 和 Mix4(图 6.21(f)) 的主晶相显微形貌演变为均匀分布的块状晶,但晶体尺寸大小不一。

6.6.6 性能分析

本研究所涉及五组添加不同含量混合稀土制备微晶玻璃的理化性能,见表 6.11。对比不同混合稀土含量的样品理化性能可知,随着混合稀土含量的增加,微晶玻璃的密度呈现逐渐增大的趋势,其中密度由 Mix0 的 2.89 g/cm^3 增加到 Mix4 的 3.05 g/cm^3。Mix1 ~ Mix4 样品的硬度均比不添加混合稀土时 (Mix0) 样品大,随着混合稀土含量的增加,其硬度先增大后减小,但总体变化不大,最大值 Mix3 样品的硬度值 794.50 kg/mm^2 与最小值 Mix1 样品的 786.40 kg/mm^2 仅相差 8.1 kg/mm^2。另外,相比不添加混合稀土的样品 (Mix0),随着混合稀土含量的增加,各样品的抗折强度均有所降低,其中 Mix3 样品的抗折强度相对较高达最大 206.17 MPa,Mix4 样品的抗折强度值最小为 133.58 MPa。耐酸性和耐碱性均有所降低,但是总体耐酸(碱)性都大于 97%。

表 6.11 添加不同含量混合稀土制备微晶玻璃的理化性能

样品编号	密度 /(g·cm^{-3})	抗折强度 /MPa	耐酸性 (20%H$_2$SO$_4$)/%	耐碱性 (20%NaOH)/%	硬度 /(kg·mm^{-2})
Mix0	2.89	261.62 ± 25.72	99.38	99.17	696.05 ± 15.71
Mix1	2.99	168.64 ± 18.68	98.16	98.23	786.40 ± 8.69
Mix2	3.03	153.12 ± 30.54	97.42	98.09	793.63 ± 23.51
Mix3	3.03	206.17 ± 19.46	98.03	98.03	794.50 ± 16.25
Mix4	3.05	133.58 ± 22.11	98.59	98.49	793.85 ± 28.51

6.7 小 结

本章以固阳铁尾矿和山东金尾矿为主要原料,在此基础上分别外加质量分数为 0 ~ 20% 的 Fe$_2$O$_3$,以及质量分数为 0 ~ 4% 的 Nb$_2$O$_5$、La$_2$O$_3$、CeO$_2$ 和混合稀土,采用熔融浇注成型的方法制备基础玻璃,并选定一步法微波热处理制度,对基础玻璃进行微晶化处理,研究外加 Nb$_2$O$_5$、La$_2$O$_3$、CeO$_2$ 和混合稀土对微晶玻璃析晶过程、晶相种类、显微形貌、晶体结构、力学性能、热学性能和化学

稳定性等方面的影响。研究结果表明:

(1)Fe_2O_3 添加量的增加,能够降低析晶温度和玻璃转变温度,Fe_2O_3 可促进主晶相——辉石相($(Mg_{0.6}Fe_{0.2}Al_{0.2})Ca(Si_{1.5}Al_{1.5})O_6$)的形成,但不改变主晶相的类型。红外光谱分析表明,随着 Fe_2O_3 含量的增加,微晶玻璃样品中基团振动吸收峰略有增强,表明透灰石晶体析出量逐渐增加,使晶体结构紧密程度、有序程度及析晶的完整程度增加。SEM 和性能分析表明,微晶玻璃中透辉石为颗粒晶,Fe_2O_3 能够有效减小辉石相平均晶粒尺寸,其最小平均晶粒尺寸可达 66.16 nm,另外,微晶玻璃的密度、显微硬度和耐碱性随晶粒尺寸的减小而增加,而抗折强度和耐酸性随晶粒尺寸的减小而降低。

(2)随 Nb_2O_5 含量的增加,微晶玻璃的主晶相没有发生改变,仍为透辉石相$(Mg_{0.6}Fe_{0.2}Al_{0.2})Ca(Si_{1.5}Al_{0.5})O_6$;SEM 结果显示,随 Nb_2O_5 含量的增加,微晶玻璃的透辉石晶体由类枝状晶逐渐变为类球状晶,且晶体尺寸逐渐变小,说明 Nb_2O_5 对微晶玻璃显微形貌有很好细化作用;拉曼光谱表明,随着 Nb_2O_5 含量的增加,对微晶玻璃结构中 Q^n 的数量有一定影响,透灰石晶体的析出量逐渐减少,且透辉石晶体结构有序程度、紧密程度及析晶的完整程度略有降低。另外,随着 Nb_2O_5 添加量的增加,微晶玻璃样品的密度和硬度逐渐增大,硬度最大可达 832.27 kg/mm^2,最小为 696.0 kg/mm^2;抗折强度呈降低趋势,抗折强度最大可达 261.62 MPa,最小为 171.51 MPa;耐酸性和耐碱性略有降低,但总体均大于 97%。

(3)随 La_2O_3 含量的增加,微晶玻璃的主晶相没有发生改变,仍为透辉石相$(Mg_{0.6}Fe_{0.2}Al_{0.2})Ca(Si_{1.5}Al_{0.5})O_6$;SEM 结果显示,随 La_2O_3 含量的增加,微晶玻璃的透辉石晶体由一次晶轴尺寸较小的类枝状晶逐渐变为一次晶轴尺寸较大的枝状晶;另外,随着 La_2O_3 含量的增加,各拉曼特征峰位移、强度均变化不大,表明随着 La_2O_3 含量的增加,透灰石晶体的析出量变化不大,且透辉石晶体结构有序程度、紧密程度及析晶的完整程度变化不大。另外,随着 La_2O_3 添加量的增多,微晶玻璃样品的密度和硬度逐渐增大,硬度最大可达 803 kg/mm^2,最小为 696.0 kg/mm^2;抗折强度呈降低趋势,抗折强度最大可达 261.62 MPa,最小为 191.80 MPa;耐酸性和耐碱性略有降低,但总体均大于 97%。

(4)随 CeO_2 含量的增加,微晶玻璃的主晶相没有发生改变,仍为透辉石相$(Mg_{0.6}Fe_{0.2}Al_{0.2})Ca(Si_{1.5}Al_{0.5})O_6$;SEM 结果显示,随 CeO_2 含量的增加,微晶玻璃的透辉石晶体由类枝状晶逐渐变为一次晶轴尺寸较大的枝状状晶,且晶体尺寸呈现逐渐增大;拉曼光谱结果表明,随着 CeO_2 含量的增加,各拉曼特征峰位移、强度均变化有所降低,表明随着 CeO_2 含量的增加,使得玻璃网络结构弱化,透灰石晶体析出量降低、晶体聚合程度、有序程度及完整程度略有降低。另外,随着 CeO_2 添加量的增多,微晶玻璃样品的密度和硬度逐渐增大,硬度最大可达 779.70 kg/mm^2,最小为 696.0 kg/mm^2;抗折强度呈降低趋势,抗折强度最大可达 261.62 MPa,最小为 225.98 MPa;耐酸性和耐碱性略有降低,但总体均大于 98%。

(5) 随混合稀土含量的增加,微晶玻璃的主晶相没有发生改变,仍为透辉石相$(Mg_{0.6}Fe_{0.2}Al_{0.2})Ca(Si_{1.5}Al_{0.5})O_6$;SEM 结果显示,随混合稀土含量的增加,微晶玻璃的透辉石晶体由类枝状晶逐渐变为块状晶,且晶体尺寸呈现先变大后略有减小的趋势;拉曼光谱结果表明,随着混合稀土含量的增加,各拉曼特征峰位移变化不大,但特征峰强度呈现先增大后减小再增大的趋势,表明随着混合稀土含量的增加,透灰石晶体的析出量、透辉石晶体结构有序程度、紧密程度及析晶的完整程度也呈现先增大后减小再增大的趋势。另外,随着混合稀土添加量的增多,微晶玻璃样品的密度和硬度逐渐增大,硬度最大可达 794.5 kg/mm^2,最小为 696.0 kg/mm^2;抗折强度呈降低趋势,抗折强度最大可达 261.62 MPa,最小为 133.58 MPa;弹性模量和剪切模量变化不大;耐酸性和耐碱性略有降低,但总体均大于 97%。

第7章　　主要结论及展望

7.1　　本书的主要结论

本书以固阳铁尾矿和山东金尾矿为主要原料,采用熔融法制备 CMAS 系尾矿微晶玻璃,分别采用微波和传统一步法析晶热处理对基础玻璃进行微晶化处理,研究微波效应对微晶玻璃析晶过程、晶相种类、显微形貌、晶体结构、力学性能、热学性能和化学稳定性等方面的影响。研究结果表明:

① 传统一步法析晶热处理可成功制备尾矿微晶玻璃。尾矿微晶玻璃的主晶相为透辉石相 $(Mg_{0.6}Fe_{0.2}Al_{0.2})Ca(Si_{1.5}Al_{0.5})O_6$,且晶体的生长顺序为分相 → 形核 → 晶体长大,微晶玻璃晶体的显微结构受一步法热处理温度的影响有较大改变,其中玻璃相呈现为连续的网络状,无明显的晶型和晶界,透辉石的形貌以枝状晶和棒状晶为主。玻璃相的 FTIR 和 Raman 特征谱带较少,在 $800 \sim 1\ 100\ cm^{-1}$ 范围是一个较宽的包络线,而透辉石的红外光谱谱带主要集中在 $1\ 051\ cm^{-1}$、$963\ cm^{-1}$、$866\ cm^{-1}$、$632\ cm^{-1}$、$605\ cm^{-1}$、$458\ cm^{-1}$,拉曼光谱的谱带主要集中在 $999\ cm^{-1}$、$761\ cm^{-1}$、$689\ cm^{-1}$、$658\ cm^{-1}$、$528\ cm^{-1}$、$324\ cm^{-1}$。确定综合性能最优的传统热处理制度为 870 ℃/2 h,所制备的微晶玻璃密度为 $2.97\ g/cm^3$,抗折强度为 230.33 MPa,硬度为 769.32 kg/mm^2,耐酸性为 99.38%,耐碱性为 99.25%。

② 确定了微波热处理的工艺制度,在热处理制度为 620 ℃/20 min 时可以成功制备以透辉石为主晶相的微晶玻璃。微波热处理温度、微波输出功率及不同辅助介质对尾矿微晶玻璃显微结构影响较大,主晶相透辉石相和玻璃相相互交织、咬合存在。当微波热处理温度为 620 ℃、微波输出功率为 1 kW 时,透辉石晶体呈类球状晶;当热处理温度为 670 ℃、720 ℃、770 ℃,微波输出功率为 2 ～ 4 kW 时,透辉石晶体呈类叶状结构;当热处理温度为 820 ℃ 和 870 ℃ 时,透辉石晶体呈短柱状晶。不同辅助介质 820 ℃ 处理时,透辉石晶体显微形貌完全不同,辅助介质为碳化硅呈枝状晶、粒状活性炭为短棒状晶、石墨为棱柱状晶和粉状活性炭为类叶状晶体。确定综合性能最优的微波热处理制度为 720 ℃/20 min,所制备的尾矿微晶玻璃密度为 $2.97\ g/cm^3$,抗折强度为 264.62 MPa,

硬度为 736.15 kg/mm²,耐酸性为 99.38%,耐碱性为 99.17%。

③ 研究不同微波辅助介质对尾矿微晶玻璃组织和结构的影响时发现,采用不同微波辅助介质制备的尾矿微晶玻璃,其显微结构完全不同。利用微波热处理的这一独特优势,通过在同一材料的不同部位采用吸波特性不同的辅助介质,实现了微晶玻璃晶体的可控生长工艺,成功制备出结构梯度尾矿微晶玻璃新材料,开辟了结构梯度材料制备工艺的新途径。这种结构梯度材料不但扩大了微晶玻璃的应用范围,并可根据实际需要定制特殊材料,以满足某些特殊工况对材料的使用要求。

④ 通过对微波与传统一步法 720 ℃/30 min 和 820 ℃/0 min 条件下制备样品的物相组成、晶体结构、显微形貌和力学性能的影响规律对比分析,发现在相同条件下微波热处理较传统热处理的样品具有较快的晶体生长速度;两种热处理方法下,样品的透灰石晶体的析出量不同,透辉石晶体结构有序程度、紧密程度及析晶的完整程度不同,且微波热处理的力学性能总体明显优于传统热处理。微波热处理相比传统热处理温度可降低 100 ℃,节约热处理时间 223 min。对传统和微波热处理进行了析晶活化能的定量计算,得到传统工艺的 E 为 375.7 kJ/mol,微波工艺的 E 为 214.9 kJ/mol,说明微波电磁场可降低微晶玻璃的析晶活化能。

⑤ 频率为 2.45 GHz 时,微晶玻璃相对介电常数和介电损耗随温度的升高而增大,材料与微波的耦合程度逐渐增强,这可能就是微波加速尾矿微晶玻璃析晶过程的主要原因。各温度下微晶玻璃样品的反射系数随测试频率在 2.45～3.95 GHz 区间呈现逐渐下降的趋势;在频率为 5.75～8.25 GHz 时,随着测试频率的变化,各温度下各样品的反射系数呈现抛物线状,其反射系数有最小值。其中在 870 ℃ 时,样品在 7 GHz 左右的反射系数急剧下降,约为 0,即为全吸收。根据这一实验结果可以推想,该系尾矿微晶玻璃在 870 ℃ 时,采用频率为 7 GHz 的微波辐照时,可实现微晶玻璃无辅助介质直接晶化。

⑥ 添加不同含量的特殊成分(Fe_2O_3、Nb_2O_5、La_2O_3、CeO_2 和混合稀土)并进行微波一步法析晶热处理,结果表明:随 Fe_2O_3、Nb_2O_5、La_2O_3、CeO_2 和混合稀土含量的增加,各尾矿微晶玻璃的主晶相没有发生改变,仍为透辉石相 $(Mg_{0.6}Fe_{0.2}Al_{0.2})Ca(Si_{1.5}Al_{0.5})O_6$;外加不同含量的特殊成分对微晶玻璃显微形貌和理化性能的影响较大。Fe_2O_3 添加量的增加能够降低析晶温度和玻璃转变温度,随着 Fe_2O_3 含量的增加,微晶玻璃样品中基团振动吸收峰略有增强,表明透灰石晶体析出量逐渐增加,使晶体结构紧密程度、有序程度以及析晶的完整程度增加。另外,Fe_2O_3 能够有效减小辉石相平均晶粒尺寸,其最小平均晶粒尺寸可达 66.16 nm,微晶玻璃的密度、显微硬度和耐碱性随晶粒尺寸的减

小而增加,而抗折强度和耐酸性随晶粒尺寸的减小而降低。随 Nb_2O_5 含量的增加,微晶玻璃的透辉石晶体由类枝状晶逐渐变为类球状晶,且晶体尺寸逐渐变小;随 La_2O_3 含量的增加,微晶玻璃的透辉石晶体微由一次晶轴尺寸较小的类枝状晶逐渐变为一次晶轴明显尺寸较大的枝状晶,且晶体尺寸呈现先变大后略有减小的趋势;随 CeO_2 含量的增加,微晶玻璃的透辉石晶体由类枝状晶逐渐变为一次晶轴尺寸较大的枝状晶,且晶体尺寸逐渐增大;随混合稀土含量的增加,微晶玻璃的透辉石晶体由类枝状晶逐渐变为块状晶,且晶体尺寸呈现先变大后略有减小的趋势;拉曼光谱结果表明,Nb_2O_5 含量对微晶玻璃结构中 Q^n 的数量有一定影响,随着 Nb_2O_5 含量增加,透灰石晶体的析出量逐渐减少,且透辉石晶体结构有序程度、紧密程度及析晶的完整程度略有降低;随着 La_2O_3 含量的增加,透灰石晶体的析出量变化不大,且透辉石晶体结构有序程度、紧密程度及析晶的完整程度变化不大;随着 CeO_2 含量的增加,使得玻璃网络结构弱化,透灰石晶体析出量降低、晶体聚合程度、有序程度及完整程度有所降低。随着混合稀土含量的增加,透灰石晶体的析出量、透辉石晶体结构有序程度、紧密程度及析晶的完整程度也呈现先增大后降低再增大的趋势。另外,随着 Fe_2O_3、Nb_2O_5、La_2O_3、CeO_2 和混合稀土添加量的增多,微晶玻璃样品的密度和硬度逐渐增大,硬度最大可达 832.27 kg/mm^2,最小为 696.0 kg/mm^2;抗折强度呈降低趋势,抗折强度最大可达 261.62 MPa,最小为 171.51 MPa;耐酸性和耐碱性略有降低,但总体均大于97%。

7.2　本书的创新点

① 在尾矿微晶玻璃的热处理过程中引入了微波新能源技术,并成功制备出性能优良的微晶玻璃制品。通过对微波与传统一步法同等工艺下其样品的组织和结构进行对比分析,结果发现微波热处理具有以下特点:加速了晶体的生长速度,增强了透辉石晶体结构有序程度、紧密程度及析晶的完整程度,降低了热处理温度,缩短了热处理时间,提升了力学性能,明显降低了析晶活化能。

② 发现了不同的微波吸收介质制备的微晶玻璃的结构完全不同。在研究不同微波吸收介质对尾矿微晶玻璃组织结构和性能的影响之基础上,成功制备出结构梯度尾矿微晶玻璃新材料,该材料可拓展微晶玻璃的应用范围,解决单一结构材料的应用缺陷。

③ 发现微晶玻璃样品的微波反射系数随测试频率与温度的变化规律。在 $2.45 \sim 3.95$ GHz 条件下随着测试频率的变化,各温度下各样品的微波反射系数均呈现逐渐下降的趋势,其中在 910 ℃、4 GHz 左右呈快速下降,其值约为2;

在 5.75 ～ 8.25 GHz 随着测试频率的变化,各温度下各样品的反射系数呈抛物线状,其反射系数有最小值,其中在 870 ℃ 时,样品在 7 GHz 左右的反射系数急剧下降,其值约为 0,即为全吸收。可以猜想,该系尾矿微晶玻璃在 870 ℃ 时,采用频率为 7 GHz 的微波辐照时,可实现微晶玻璃无辅助介质直接晶化。

④ 通过研究微波场作用下,Nb_2O_5、La_2O_3、CeO_2 和混合稀土对尾矿微晶玻璃析晶过程的影响,发现了铌及稀土元素对微晶玻璃晶相种类、显微形貌、晶体结构、力学性能和化学稳定性等方面的影响规律,为材料的性能优化奠定理论基础,为含稀土尾矿的资源综合利用提供理论依据。

7.3　未来研究展望

① 尾矿微晶玻璃微波热处理的产业化应用方面,需要与厂家结合起来,应用微波新能源技术提高尾矿微晶玻璃的附加值,目前微波热处理微晶玻璃样品的小批量实验中,大幅节能降耗,但是尚未在规模化生产中得到应用,从而使得微波热处理的优势没有得到有效发挥。

② 在吸波介质研究方面,本书关于几种不同的吸波介质对材料影响的研究已取得了一定进展,但是对其他多种吸波介质的物理特性以及不同吸波介质的高温吸波特性的研究尚未开展,这使得微波的应用范围受限,如能尽快解决这一问题,将极大地扩大微波技术的应用范围,并充分体现出微波新技术的领先优势。

③ 在微波烧结机理方面,对于微波场中的材料特性的实时原位测量技术有助于对微波烧结机理的深入认识,但是目前国内研究机构尚缺乏这方面的研究手段,对于微波场中材料烧结行为的数值模拟对一些介电特性参数已知的材料可以提供有意义的指导。对于不同类型材料在常温和高温下微波场中的原子扩散机制还有待深入研究。

参 考 文 献

[1] 杨健.含铬钢渣制备微晶玻璃及一步热处理研究[D].北京:北京科技大学,
2016.

[2] 刘永红.氟化钙对 CAS 系微晶玻璃晶化行为及性能的影响规律研究[D].包
头:内蒙古科技大学,2012.

[3] 吴鹏.$CaO-Al_2O_3-SiO_2$ 系统微晶玻璃表面析晶机理研究[D].武汉:武汉
理工大学,2006.

[4] 曾利群,陈国华.微晶玻璃的制备工艺及应用前景[J].中国建材,2001(9):
48-50.

[5] 程金树,李宏,汤李缨,等.微晶玻璃[M].北京:化学工业出版社,2006.

[6] 张培新,文岐业,朱才镇.矿渣微晶玻璃材料设计与计算[M].北京:化学工
业出版社,2010.

[7] 高术杰.熔态提铁二次镍渣制备微晶玻璃及热处理制度研究[D].北京:北京
科技大学,2015.

[8] 葛潭潭.钢渣制备微晶玻璃的性能及其粘度模型计算研究[D].上海:上海大
学,2013.

[9] 张大勇,金丹,史培阳,等.Cr_2O_3 对微晶玻璃析晶行为的影响[J].工业加热,
2008(6):29-31.

[10] 张雪峰,魏海燕,欧阳顺利,等.$CaO-MgO-Al_2O_3-SiO_2$ 系微晶玻璃复
合晶核剂的优化及其对结构与性能的影响[J].人工晶体学报,2015(7):
1905-1911.

[11] 陈维铅,李玉宏,许世鹏,等.TiO_2 和 Cr_2O_3 作晶核剂对金矿尾砂微晶玻璃
结晶性能的影响[J].人工晶体学报,2015(3):836-840.

[12] 张雪峰,刘雪波,贾晓林,等.CaF_2 对复合矿渣微晶玻璃结构与力学性能的
影响[J].硅酸盐通报,2014(10):2578-2582.

[13] 肖兴成,江伟辉,王永兰,等.钛渣微晶玻璃晶化工艺的研究[J].玻璃与搪
瓷,1999(2):9-13.

[14] 邓磊波,张雪峰,李保卫,等.熔制坩埚对 $CaO-Al_2O_3-MgO-SiO_2$ 结构
与性能的影响[J].人工晶体学报,2015,44(11):3133-3171.

[15] 李保卫,邓磊波,张雪峰,等.矿渣微晶玻璃热处理制度的优化设计[J].硅
酸盐通报,2012(6):1549-1553.

[16] 李保卫,邓磊波,张雪峰,等.热处理温度对矿渣微晶玻璃显微结构及耐腐

蚀性的影响研究[J].中国陶瓷,2012(5):56-59.

[17] 杨家宽,张杜杜,侯健,等.赤泥－粉煤灰微晶玻璃晶化行为研究[J].材料科学与工艺,2005(6):616-619.

[18] 赵前,汤李缨,王全.烧结法生产 $CaO-Al_2O_3-SiO_2-R_2O-ZnO$ 红色微晶玻璃板[J].武汉工业大学学报,1997(4):43-45.

[19] 曾惠丹,邓再德,英廷照.硅灰石型烧结微晶玻璃研究进展[J].材料导报,2000(12):26-27.

[20] 邓再德,曾惠丹,英廷照.硅灰石型烧结微晶玻璃及其应用前景[J].玻璃与搪瓷,2001(1):42-45.

[21] 李保卫,杜永胜,张雪峰,等.Na_2O 含量对白云鄂博尾矿微晶玻璃显微结构及力学性能的影响[J].材料导报 B,2012,26(8):129-132.

[22] 李保卫,杜永胜,张雪峰,等.钙铝质量比对矿渣微晶玻璃结构及性能的影响[J].机械工程材料,2012,36(11):46-49.

[23] 李保卫,杜永胜,张雪峰,等.基础成分配比对白云鄂博尾矿微晶玻璃结构及性能的影响[J].人工晶体学报,2012(5):1391-1398.

[24] 杜念娟,徐美君.浅谈矿渣微晶玻璃[J].玻璃,2009(2):43-49.

[25] 成惠峰.整体晶化法制备微晶玻璃陶瓷复合板材的研究[D].北京:中国建筑材料科学研究总院,2009.

[26] 田英良,孙诗兵.新编玻璃工艺学[M].北京:中国轻工业出版社,2013.

[27] 肖家乐,冯有利,丁生祥,等.微晶玻璃相分析的应用[J].矿业快报,2008(8):57-59.

[28] 李红霞,李保卫,张雪峰,等.Fe_2O_3 对纳米晶尾矿微晶玻璃结构及性能的影响[J].人工晶体学报,2016(1):176-181.

[29] 陈华,李保卫,赵鸣,等.Cr_2O_3 对含铁辉石微晶玻璃显微结构及强度的影响[J].硅酸盐学报,2015,43(9):1240-1246.

[30] 程金树,康俊峰,楼贤春,等.Fe_2O_3 和 ZrO_2 对花岗岩尾矿微晶玻璃析晶行为的影响[J].武汉理工大学学报,2014,36(6):22-40.

[31] OGHBAEI M,MIRZAEE O.Microwave versus conventional sintering:a review of fundamentals,advantages and applications[J].Journal of Alloys and Compounds,2010,494(1-2):175-189.

[32] JACOB J,CHIA L H L,BOEY F Y C.Thermal and non-thermal interaction of microwave radiation with materials[J].Journal of Material Science,1995,30:5321-5327.

[33] AGRAWAL D.Microwave sintering of ceramics,composities and metallic

materials,and melting of glasses[J].Transactions of the Indian Ceramic Society,2006,65(3):129-144.

[34] PENG Z W,HWANG J Y.Microwave-assisted metallurgy[J].International Materials Reviews,2015,60(1):30-63.

[35] 埃尔韦尔 D,波因顿 A J.应用物理学[M].姚震黄,译.上海:上海科学技术文献出版社,1981.

[36] KITTEL C.固体物理导论[M].8 版.北京:化学工业出版社,2005.

[37] 张文思.微波辅助共轭聚合物合成的条件优化及机理研究[D].吉林:吉林大学,2014.

[38] DE L A,DÍAZ-ORTIZ Á,MORENO A.Microwaves in organic synthesis.thermal and non-thermal microwave effects[J].Chemical Society Reviews,2005,34(2):164-178.

[39] GABRIEL C,GABRIEL S,GRANT E H,et al.Dielectric parameters relevant to microwave dielectric heating[J].Chemical Society Reviews, 1998,27(3):213-224.

[40] MINGOS D M P,BAGHURST D R.Applications of microwave dielectric heating effects to synthetic problems in chemistry[J].Chemical Society Reviews,1991,20:1-47.

[41] MAHMOUD M M.Crystallization of lithium disilicate glass using variable frequency microwave processing[D].Blacksburg:Virginia Polytechnic Institue and State University,2007.

[42] THOSTENSON E T,CHOU T W.Microwave processing:fundamentals and applications[J].Composites Part A,1999,30(9):1055-1071.

[43] CLARK D E,FOLZ D C,WEST J K.Processing materials with microwave energy[J].Materials Science and Engineering A,2000, 287(2):153-158.

[44] SOBOL H,TOMIYASU K.Milestones of microwaves[J]. IEEE Transactions on Microwave Theory and Techniques,2002,50(3): 594-611.

[45] PUSCHNER H.Heating with microwaves:fundamentals,components and circuit technique[J].Journal of Comparative Physiology Biochemical Systemic and Environmental Physiology,2004,174(1):111-129.

[46] OKRESS E C,BROWN W C,MORENO T,et al.Microwave power engineering[J].Spectrum IEEE,2013,1(10):76.

[47] OSEPCHUK M J.Microwave power applications[J].IEEE Transaction on Microwave Theory and Techniques,2002,50(3):975-985.

[48] TINGA W R,JAMES C R,VOSS W A G.Microwave power engineering applications & energy conversion in closed microwave cavities[M].New York:Academic Press Inc.,1968.

[49] GEDYE R,SMITH F,WESTAWAY K,et al.The use of microwave ovens for rapid organic synthesis[J].Tetrahedron Letters,1986,27(3): 279-282.

[50] ROY R,AGRAWAL D,CHENG J,et al.Full sintering of powdered - metal bodies in a microwave field[J].Nature,1999,399:668-670.

[51] LI B W,LI H X,ZHANG X F,et al.Nucleation and crystallization of tailing-based glass-ceramics by microwave heating[J].International Journal of Minerals,Metallurgy and Materials,2015,22(12):1342-1349.

[52] ZHU Y,CHEN F.Microwave-assisted preparation of inorganic nanostructures in liquid phase[J].Chemical Reviews,2014,114(12): 6462-6555.

[53] REN J,SEGAKWENG T,LANGMI H T W,et al.Microwave-assisted modulated synthesis of zirconium-based metal-organic framework (Zr-MOF) for hydrogen storage applications[J].International Journal of Materials Research,2014,105(5):516-519.

[54] TIAN Y,ZUO W,CHEN D.Crystallization evolution,microstructure and properties of sewage sludge-based glass-ceramics prepared by microwave heating[J].Journal of Hazardous Materials,2011,196: 370-379.

[55] WROE R.Microwave-assisted firing of ceramics[J].Power Engineering Journal,1996,10(4):181.

[56] BOCH P,LEQUEUX N.Do microwaves increase the sinterability of ceramics? [J].Solid State Ionics,1997,101:1229-1233.

[57] AGRAWAL D K.Microwave processing of ceramics[J].Current Opinion in Solid State and Materials Science,1998,3:480-485.

[58] ARAVINDAN S,KRISHNAMURTHY R.Joining of ceramic composites by microwave heating[J].Materials Letters,1999,38(4):245-249.

[59] SILIGARDI C,LEONELLI C,BONDIOLI F,et al.Densification of glass powders belonging to the $CaO - ZrO_2 - SiO_2$ system by microwave

heating[J].Journal of the European Ceramics Society,2000,20(2): 177-183.

[60] FUJITSU S,IKEGAMI M,HAYASHI T.Sintering of partially stabilized zirconia by microwave heating using $ZnO - MnO_2 - Al_2O_3$ plates in a domestic microwave oven[J].Journal of the American Ceramic Society,2000,83(8):2085-2087.

[61] PANNEERSELVAM M,RAO K J.A microwave method for the preparation and sintering of β'-SiAlON[J].Materials Research Bulletin, 2003,38(4):663-674.

[62] JANNEY M A,KIMREY H D,SCHMIDTA M A,et al.Grain growth in microwave-annealed alimuna[J].Journal of the American Ceramic Society,1991,74(7):1675-1681.

[63] BINNER J G P,HASSINE N A,CROSS T E.The Possible role of the pre-exponential factor in explaining the increased reaction rates observed during the microwave synthesis of titanium carbide[J].Journal of Materials Science,1995,30(21):5389-5393.

[64] BOOSKE J H,COOPER R F,DOBSON I.Mechanisms for nonthermal effects on ionic mobility during microwave processing of crystalline solids[J].Journal of Materials Research,1992,7(2):495-501.

[65] RYBAKOV K I,SEMENOV V E,FREEMAN S A,et al.Dynamics of microwave-induced currents in ionic crystals[J].Physical Review B, 1997,55(6):3559-3567.

[66] HOSSEINI M,STIASNI N,BARBIERI V,et al.Microwave-assisted asymmetric organocatalysis.a probe for nonthermal microwave effects and the concept of simultaneous cooling[J].The Journal of Organic Chemistry,2007,72(4):1417-1424.

[67] BACSA B,HORVÁTI K,BŐSZE S,et al.Solid-phase synthesis of difficult peptide sequences at elevated temperatures:a critical comparison of microwave and conventional heating technologies[J].Journal of Organic Chemistry,2008,73(19):7532-7542.

[68] HERRERO M A,KREMSNER J M,KAPPE C O.Nonthermal microwave effects revisited:on the importance of internal temperature monitoring and agitation in microwave chemistry[J].The Journal of Organic Chemistry,2008,73(1):36-47.

[69] OBERMAYER D,GUTMANN B,KAPPE C.Microwave chemistry in silicon carbide reaction vials:separating thermal from nonthermal effects[J].Angewandte Chemie International Edition,2009,48(44): 8321-8324.

[70] RAZZAQ T,KREMSNER J M,KAPPE C O.Investigating the existence of nonthermal/specific microwave effects using silicon carbide heating elements as power modulators[J].Journal of Organic Chemistry,2008, 73(16):6321-6329.

[71] BAGHBANZADEH M,KAPIN S D,OREL Z C,et al.A critical assessment of the specific role of microwave irradiation in the synthesis of ZnO micro- and nanostructured materials[J].Chemistry-A European Journal,2012,18(18):5724-5731.

[72] KAPPE C O,PIEBER B,DALLINGER D.Microwave effects in organic synthesis:myth or reality?   [J].Angewandte Chemie International Edition,2013,52(4):1088-1094.

[73] 王海军,刘秋晓,徐鹏.尾矿规模化利用经济分析与实例[J].金属矿山, 2014(9):147-151.

[74] ISA H.A review of glass-ceramics production from silicate wastes[J]. International Journal of the Physical Sciences,2011,6(30):6691-6781.

[75] YAO R,LIAO S,DAI C,et al.Preparation and characterization of novel glass-ceramic tile with microwave absorption properties from iron ore tailings[J].Journal of Magnetism and Magnetic Materials,2015,378: 367-375.

[76] O'FLYNN K P,TWOMEY B,BREEN A,et al.Microwave-assisted rapid discharge sintering of a bioactive glass-ceramic[J].Journal of Materials Science,2011,22(7):1625-1631.

[77] DAVIS C,NINO J C.Microwave processing for improved ionic conductivity in $Li_2O—Al_2O_3—TiO_2—P_2O_5$ glass-ceramics[J].Journal of the American Ceramic Society,2015,98(8):2422-2427.

[78] BAGHBANZADEH M,CARBONE L,COZZOLI P D,et al. Microwave-assisted synthesis of colloidal inorganic nanocrystals[J]. Angewandte Chemie International Edition,2011,50(48):11312-11359.

[79] MAHMOUD M M,THUMM M.Crystallization of lithium disilicate glass using high frequency microwave processing[J].Journal of the

European Ceramic Society,2015,35(10):2915-2922.

[80] MAHMOUD M M,FOLZ D C,SUCHICITAL C T A,et al. Crystallization of lithium disilicate glass using microwave processing[J]. Journal of the American Ceramic Society,2012,95(2):579-585.

[81] MAHMOUD M M,FOLZ D C,SUCHICITAL C T A,et al.Estimate of the crystallization volume fraction in lithium disilicate glass-ceramics using fourier transform infrared reflectance spectroscopy[J].Journal of the European Ceramic Society,2015,35(2):597-604.

[82] 赵博研.微波法熔融制备污泥灰微晶玻璃的实验研究[D].哈尔滨:哈尔滨工业大学,2010.

[83] 王静.MgO－Al_2O_3－SiO_2透明微晶玻璃结构与性能的研究[D].武汉:武汉理工大学,2013.

[84] ŽIVANOVIĆ V D,TOŠIĆ M B,GRUJIĆ S R,et al.DTA study of the crystallization of Li_2O － Nb_2O_5 － SiO_2 － TiO_2 glass[J].Journal of Thermal Analysis and Calorimetry,2015,119(3):1653-1661.

[85] 殷海荣,章春香,刘立营.差热分析在玻璃学研究中的应用[J].陶瓷,2008(6):14-18.

[86] 袁坚,汤李缨,许超,等.用DTA方法研究$Li_2O \cdot Al_2O_3 \cdot 4SiO_2$微晶玻璃的晶化[J].武汉工业大学学报,1997,19(4):75-77.

[87] 陈文娟.差热分析在微晶玻璃晶化工艺中的应用[J].河南建材,2003(3):39-40.

[88] 梁栋林.X射线晶体学基础[M].北京:科学出版社,2006.

[89] 刘粤惠.X射线衍射分析原理与应用[M].北京:化学工业出版社,2003.

[90] 吴国洋.XRD在钛渣物相分析实验中的应用[J].攀枝花学院学报,2010(6):119-121.

[91] 于全芝.X射线粉末衍射物相分析的全谱拟合法[D].曲阜:曲阜师范大学光学,2002.

[92] 刘明光,郭虎森.粉末衍射文件(PDF)的简况与使用[J].现代仪器,2002(2):44-47.

[93] 潘守芹.新型玻璃[M].上海:同济大学出版社,1992.

[94] 麦克米伦.微晶玻璃[M].北京:中国建筑工业出版社,1988.

[95] RAWLINGS R D,WU J P,BOCCACCINI A R.Glass-ceramics:their production from wastes-a review[J].Journal of Materials Science,2006,41(3):733-761.

[96] SHANNON R D.Revised effective ionic radii and systematic studies of Interatomic distances in halides and chaleogenides[J].Acta Crystallogr, 1976,A32:751-767.

[97] LI B W,DU Y S,ZHANG X F,et al.Crystallization characteristics and properties of high-performance glass-ceramics derived from baiyunebo east mine tailing[J].Environmental Progress and Sustainable Energy, 2014,34(2):420-426.

[98] ROMERO M,RINCÓN J M,MUSIK S,et al.MÖssbauer effect and X-ray distribution function analysis in complex $Na_2O-CaO-ZnO-Fe_2O_3-Al_2O_3-SiO_2$ glasses and glass-ceramics[J].Materials Research Bulletin,1999,34(7):1107-1115.

[99] 翁诗甫,徐怡庄.傅里叶变换红外光谱分析[M].北京:化学工业出版社, 2005.

[100] SUN J,YU L,LI S,et al.Microstructure and photoluminescent properties of $MgO-Al_2O_3-SiO_2$ silicate glass-ceramics doped with Eu^{3+} and Dy^{3+}[J].Journal of Sol-Gel Science and Technology,2016, 78(2):430-437.

[101] 姚树玉,王宗峰,韩野,等.粉煤灰微晶玻璃的结构分析及其晶体化学式的 确定[J].材料热处理学报,2013(6):30-33.

[102] JHA P K,PANDEY O P,SINGH K.FTIR spectral analysis and mechanical properties of sodium phosphate glass-ceramics[J].Journal of Molecular Structure,2015,1083:278-285.

[103] 叶慧文,靳是琴,郑松彦.红外光谱在铁镁硅酸盐矿物类质同象研究中的 应用[J].长春地质学院学报,1982(2):65-74.

[104] CHE M,VÉDRINE J C.Characterization of solid materials and heterogeneous catalysts:from structure to surface reactivity,volume 1&2[M].Weinheim:Wiley-VCH Verlag& Co.KGOA,2012.

[105] YADAV A K,SINGH P.A review of the structures of oxide glasses by Raman spectroscopy[J].RSC Advances,2015,5:67583-67609.

[106] DICKINSON J E,SCARFE C M.Raman spectroscopic study of glasses on the join diopside-albite[J].Geochimica Et Cosmochimica Acta,1990, 54:1037-1043 .

[107] FURUKAWA T.Raman spectroscopic investigation of the structure of silicate glasses.Ⅲ. Raman intensities and structural units in sodium

silicate glasses[J].The Journal of Chemical Physics,1981,75(7):3226-3237.

[108] MCMILLAN P.A Raman spectroscopic study of glasses in the system $CaO-MgO-SiO_2$[J].American Mineralogist,1984,69:645-659.

[109] HUANG E,CHEN C H,HUANG T,et al.Raman spectroscopic characteristics of $Mg-Fe-Ca$ pyroxenes[J].American Mineralogist,2000,85:473-479.

[110] 王蓉,张保民.辉石的拉曼光谱[J].光谱学与光谱分析,2010(2):376-381.

[111] LIDSTRÖM P,TIERNEY J,WATHEY B,et al.Microwave assisted organic synthesis review[J].Tetrahedron,2001,57:9225-9283.

[112] CADDICK S.Microwave assisted organic reactions[J].Terrahedron,1995,51(38):10403-10432.

[113] BYKOV Y V,RYBAKOV K I,SEMENOV V E.High-temperature microwave processing of materials[J].Journal of Physics D:Applied Physics,2001,34:R55-R57.

[114] 周遗品,赵永金,张延金.Arrhenius 公式与活化能[J].石河子农学院学报,1995(4):76-80.

[115] KINGERY W D,BOWEN H K,UHLMANN D R.Introduction to Ceramics[M].New York:Mc Graw-Hill,1976.

[116] 周洪庆,刘敏,王晓钧.微波复合介质基片的频率温度特性研究[J].微波学报,2001(3):77-80.

[117] 李宏,曹欣,程金树.热处理时间对阳极键合用微晶玻璃性能的影响[J].武汉理工大学学报,2007(5):20-22.

[118] 陈季丹,刘子玉.电解质物理[M].北京:机械工业出版社,1982.

[119] 陈国华,刘心宇.电子封装微晶玻璃基板的介电性能[J].压电与声光,2005(3):283-286.

[120] 朱新文,江东亮,谭寿洪.碳化硅网眼多孔陶瓷的微波吸收特性[J].无机材料学报,2002(6):1152-1156.

[121] ZHAO D,LUO F,ZHOU W.Microwave absorbing property and complex permittivity of nano SiC particles doped with nitrogen[J].Journal of Alloys and Compounds,2010,490(1-2):190-194.

[122] 李保卫,赵鸣,张雪峰,等.稀土微晶玻璃的研究进展[J].材料导报 A,2012,26(3):44-47.

[123] ZHAO T,LI B W,GAO Z Y,et al.The utilization of rare earth tailing

for the production of glass-ceramics[J].Materials Science and Engineering:B,2010,170(1-3):22-25.

[124] 陈华,李保卫,赵鸣,等.CeO$_2$ 含量对白云鄂博西尾矿为原料制备的微晶玻璃力学性能的影响[J].硅酸盐学报,2015(7):1002-1007.

[125] 李保卫,何晓宇,陈华,等.Nd$_2$O$_3$ 优化白云鄂博西尾矿微晶玻璃性能机理[J].材料研究学报,2015(11):874-880.

[126] 陈华,李保卫,赵鸣,等.La^{3+} 存在形式对白云鄂博稀选尾矿微晶玻璃性能的影响[J].物理学报,2015(19):247-254.

[127] 孙凯宇,赵鸣,陈华,等.Pr$_2$O$_3$ 对含 Cr$_2$O$_3$ 辉石系矿渣微晶玻璃晶化行为的影响[J].人工晶体学报,2015(8):2314-2320.

名 词 索 引